imaginist

想象另一种可能

理
想
国
imaginist

DAVID BERCOVICI

[美]大卫·贝尔科维奇 著

舍其 译

万物

起 源

从宇宙大爆炸
到文明的兴起

THE ORIGINS OF EVERYTHING

IN 100 PAGES (MORE OR LESS)

九 州 出 版 社
JIUZHOUPRESS

图书在版编目（CIP）数据

万物起源：从宇宙大爆炸到文明的兴起 / （美）大卫·贝尔科维奇著；舍其译 . –– 北京：九州出版社，2024.4

ISBN 978-7-5225-2706-2

I.①万 ... II.①大 ... ②舍 ... III.①自然科学–普及读物 IV.①N49

中国国家版本馆 CIP 数据核字 (2024) 第 057950 号

审图号：GS（2018）882 号

THE ORIGINS OF EVERYTHING IN 100 PAGES (MORE OR LESS)
by David Bercovici
© 2016 by David Bercovici
Originally published by Yale University Press
All Rights Reserved.

章首插图供图：第 1—6 章：Casaey Reed；第 7 章：Frank Fox，http://www.mikro-foto.de；第 8 章：Dennis Finnin，美国自然史博物馆

著作权合同登记图字：01-2024-1195

万物起源：从宇宙大爆炸到文明的兴起

作　　者	[美]大卫·贝尔科维奇 著　舍其 译	
责任编辑	周　春	
出版发行	九州出版社	
地　　址	北京市西城区阜外大街甲 35 号（100037）	
发行电话	(010) 68992190/3/5/6	
网　　址	www.jiuzhoupress.com	
印　　刷	山东韵杰文化科技有限公司	
开　　本	850 毫米 ×1168 毫米　32 开	
印　　张	7	
字　　数	121 千	
版　　次	2024 年 4 月第 1 版	
印　　次	2024 年 4 月第 1 次印刷	
书　　号	ISBN 978-7-5225-2706-2	
定　　价	49.00 元	

目录

前言

　　要讲述宇宙的历史，也许最好的办法是逆流而上，按正好相反的时间顺序来讲述。无论以宗教还是科学的名义，我们对宇宙初创时刻的痴迷，都来自我们对自身何以至此的好奇。如果从当前出发，倒带 7000 年抵达人类有记载的历史之初，我们会发现尚有 700 万年的人类演化史横亘在前。要是这就让你气馁了的话，还有 6 亿年的动物演化史、30 亿年的生命演化史，以及再早十几亿年的太阳系及我们地球的诞生。从这儿再往前 90 亿年，我们才抵达已知时间的起点。如果将宇宙的历史压缩成一天的 24 小时，就像一部超级冗长的先锋电影那样倒序播放，那人类文明史将如白驹过隙，只有 0.04 秒的时长，连演职员表都还来不及闪现。最早的动物出现在大约 1 小时后，这尚可容忍；但要再过 7 个小时，才能看到太阳系和地球的诞生，至于抵达宇宙的起点则还有漫漫 16 个小时。

万物起源

尽管倒序讲述宇宙史确实别有新意，年代顺序毕竟是有用的，尤其是我们已经习惯了时间长河的奔流方向。在这本小书里，我实际上会加速讲述，不会用掉24小时（当然这取决于读者你），而是"走马观花，管中窥豹"。本书包含了宇宙中所有最重要的热门事件，描述不同事件何时（最重要的是如何）显现。"起源"这一概念深深植根于科学自身，在这里既不是神话，也不是泛泛而谈的故事，而是万物如何从无到有的主要假说。泛泛而谈与科学假说之间有关键区别，后者提供了可供计量的预测，因此学者能通过实验或观测对其证伪。假说的可证伪性也许是科学的最根本原则，这听起来大概有点枯燥，不过我希望能在这个起源故事的叙述中加点料，别担心，不会加太多的。

本书来自耶鲁大学的一门本科研讨班课程，课程有一个朴素的名字——"万物起源"，目标是通过这些可证伪的重大假说来训练科学思维。本书资料都是为普通读者准备的，我想在科学方面不会过于浮夸。我也尽力避免以专门术语迷惑读者，对必不可少的术语则尽量解释。

尽管这是万物起源的"金曲合辑"，所述故事也不是随意或彼此无关的，而是环环相扣、承上启下。生命奠基于我们星球的大气、海洋与岩石，而这些又来自星际尘埃。

尘埃的成分在巨星中孕育，而巨星又诞生于宇宙大爆炸产生的气体。地球既成，它的海洋、大气乃至深埋的地核如何形成与发展，决定了错综复杂的生命如何维系数十亿年至今。

作为一个研究过本书所涉多个主题（当然不是全部）的科学家，我自然不会放过从独到的（或者说实在点，我所偏好的）地球物理学视角出发，强调起源故事间的关联及主题思想的任何机会。我的学生最终发觉，板块构造学说在本书中扮演了极重要的角色，而我要是能找出这个学说与宇宙大爆炸的关联，肯定会大书特书（但恼火的是时间不等人）。本书最后推荐了众多有关宇宙与生命史的优秀读物，它们都比拙作全面得多。本书不求深广，而是不揣（或不惮）浅陋粗疏（以这些词万一能有的最佳含义而言），旨在由快速而仍可一读的概览故事，提供关于宇宙（一定程度上也是关于其中人类地位）的一张地图。更重要的，则是作为开胃小菜，让你由此探求更多。

免责声明：考虑到这本小书的范围，读者也许会误以为作者精通所有这些领域，非也。要果真如此，自然最好。我的知识来自近30年大学教学经验，我的课程在一定程度上全面覆盖了这些领域，但我肯定既非天文学家，也非生物学家，更非人类学家。因此，与我自身所在的地球物理学和行星科学领域更近的主题，会得到更细致的阐述。有鉴于此，对我们即将蜻蜓点水般掠过的大量主题，读者不可将此书作为权威读本。这本书，就好比在一家主厨最擅长意大利面的混合风味餐厅，每样菜各取一口组成的拼盘。

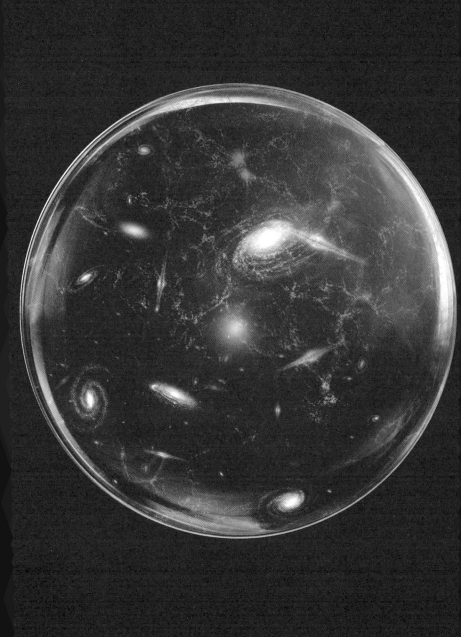

第一章　宇宙与星系

随着一次神妙难测的巨大爆炸，时间开始了——对讲故事来说，这通常是一个很好的开头。然而迟至上个世纪，我们才搞明白这个最初的时刻到底标志着宇宙的还是地球的诞生。诚然，犹太教和基督教的《圣经》是这么开头的："起初，神创造天地。"而创世的确切时间，17世纪爱尔兰的詹姆斯·乌雪（James Ussher）主教就已确认，乃公元前4004年的10月23日。

但就在乌雪主教的著作问世前不久，文艺复兴时期的一些重要哲人就已经有了"时间并无起点"这样的观点，其中最有名的要数布鲁诺——16世纪意大利学者、多米尼加派僧侣，其名声很大程度上来自他的殉难。哥白尼认为地球并非宇宙中心，而是绕太阳旋转，这观点在当时实属离经叛道。布鲁诺对此不但大表赞同，还进一步提出太阳也仅仅是夜空万千繁星之一，而它们每一颗都有自己的行星。这个故事最值得留意的是，布鲁诺相信宇宙亘古未变，且无始无终，无边无沿。在欧洲学者中，布鲁诺并非持有这些观点的第一人，但仍被天主教廷斥为异端邪说（连同他更亵渎宗教的观点，诸如质疑基督神性、圣餐变体论等）。他最终在威尼斯被捕受审，并引渡到罗马再次受审。布鲁诺性子冲动，又爱嘲讽挖苦，他一如既往地拒绝公开宣布放弃自己的著作，除非教宗或上帝自己来告诉他他错了。1600 年的 2 月 17 日即大斋首日，布鲁诺在罗马鲜花广场被处以火刑。而今，他的一座雕像在此矗立，对满街咖啡馆里兴高采烈的游客怒目而视。

幸好，科学家因言获罪而在火刑柱上被烧死这种事后来极少发生——至少照字面来说是如此。我和一位同事有一次到访罗马，站在布鲁诺气派的雕像下扪心自问：我们会像布鲁诺受审 33 年后的伽利略那样，在死刑的威胁下公开宣布放弃自己的科学著作吗？在短暂沉默之后我们（无可否认地）爆发了一阵大笑，一致同意我们眨眼之间就会放弃。先不管我们共有的胆小怯懦，也不管为了我们从来无人问津的论文献身的这个想法，单是考虑我们站在了事后诸葛亮的位置就足够了——我们知道错误的科学将与始作俑者一起"身与名俱灭"，正确的则会"江河万古流"。

要是我们一死，我们的科学观点即告终结，那大概也算它"罪有应得"。然而布鲁诺确实以生命为自己的信念献祭，成为我们最具声望的科学殉道者之一。最终，我们承认他的观点有惊人的预见性，尤其是他认为地球只是万千世界之一，围绕着广阔而古老的宇宙中万千星辰之一旋转。

然而，布鲁诺关于宇宙无始无终、无边无沿的观点却是错的，时间确实有一个起点。对这一事实，最简单的证据就是夜空的黑暗：如果我们生活的宇宙真的无始无终、无边无沿，那夜空的每一个方向都会在某处有一颗星星，而且每一颗星星发出的光芒都会有充裕的时间抵达地球；因此，整个夜空应该完全被星光照亮才对。这一夜空佯谬尽管早就由德国数学家约翰内斯·开普勒（Johannes Kepler）和英国学者托马斯·迪格斯（Thomas Digges，与布鲁诺同时代的人）提出，却是以晚得多的18—19世纪的德国天文学家海因里希·奥伯斯（Heinrich Wilhelm Olbers）命名。奥伯斯佯谬的谜底，后来由19—20世纪的英国物理学家威廉·汤姆森（William Thomson，又名开尔文男爵）揭开，甚至美国作家爱伦·坡也曾做出推断：宇宙要么年龄有限，因此遥远星球的光芒还没来得及抵达地球；要么空间有限，因此星辰并非无处不有；要么二者都成立。这意味着宇宙是从过去某个时刻肇始且（或）并非同时在所有地方发生，因而成为最终引出大爆炸假说的最早和最重要线索之一。

20 世纪 20 年代，美国天文学家埃德温·哈勃应用天文望远镜的观测资料证明，在我们的银河系之外，还有很多星系。在此之前人们一直以为银河系就是我们有限而静止的宇宙的全部了。哈勃利用一种名为"造父变星"（Cepheid variables）的脉动变星推算星系间的距离。造父变星的脉动周期（两次脉动的间隔时长）与平均光度（以光的形式释放的总功率）有直接关联，这一特性使之成为测算距离的重要标尺。脉冲周期相同的两颗造父变星具有同样的光度，所以如果一颗看起来比另一颗更暗淡，它也就更远，而变暗效应的程度与距离的平方直接相关，这就提供了测定的可能。因此，造父变星给出了它们所在星系到我们的距离。哈勃同时发现，平均而言，随着距离的增加，星系发出的光有渐增的红移现象。在可见光中，红光具有最大的波长和周期。光的红移类似声波的偏移，例如当救护车驶离我们时，警报器的音调会下降（频率降低，或周期与波长拉长）。星系中光的红移现象表明，离我们越远的星系在越快地离开我们，也就是说星系在普遍地彼此远离，向外扩张。

　　甚至在哈勃观测到总体上所有星系都在彼此远离之前，比利时天文学家乔治·勒梅特（Georges Lemaître）以及俄罗斯物理学家、数学家亚历山大·弗里德曼（Alexander Friedmann）就已各自独立推算出宇宙正在膨胀。他们的计算都运用了爱因斯坦的广义相对论，然而爱因斯坦本人起初却并不认同他们的结论（后来才承认他们是正确的）。而哈勃的观测为他们的观点提供了佐证。

　　如果膨胀宇宙具有有限的时间和空间，那么将膨胀倒序回放，宇宙的全部质量和能量最初就是浓缩在一个小得多也热得多的体积中，勒梅特称之为"宇宙蛋"。在宇宙最初时刻的这一扩张，被剑桥大学天文学家弗雷德·霍伊尔（Fred Hoyle）不无贬损地始称为"大爆炸"，实际上他反感这个想法。这个名字留了下来，但"爆炸"一词并不完全准确，尽管我在本章开头也用了同样的表述。普遍意义上的爆炸意味着有高压气体从低压气体中分离出来，向外形成冲击波，然而最初的压缩宇宙的质量与能量也包括全部空间都在这小小的体积中，并无空间供它去爆炸。宇宙膨胀时，是与它的空间边界一起膨胀，在边界之外并没有光、物质、能量或是时间的概念，这凭直觉可能很难想象出来。

到 20 世纪 60 年代,美国科学家阿诺·彭齐亚斯(Arno Penzias)和罗伯特·威尔逊(Robert Wilson)发现了宇宙微波背景辐射,就是弥漫在整个宇宙中的一种无线电噪声。这一发现表明宇宙真空并非完全死寂(温度和能量均为零),而是充满了"舒适宜人的"3K(-270℃)微波。这种残留的热量,正是大爆炸之后宇宙一度处于更高温度状态的证据。

大爆炸理论使得简单推算宇宙年龄成为可能,或者仅仅运用目前宇宙膨胀的观测资料也够了。要计算总的时间,就需假定宇宙以估算的膨胀率(称为哈勃常数)从很小的体积增长到今天,宇宙空间也随之冷却到 3K 的温度。据此我们可推算,宇宙年龄约为 140 亿年(有大约 10 亿年的出入)。这一简单推算通过对宇宙最古老星体的天文观测得到了极好的证明,这类星体通常都很小,燃烧极为缓慢(详见下章)。它们在大爆炸之后几亿年才诞生,因而由此估算出的宇宙年龄会偏低。目前对宇宙年龄的最可靠估算是 138 亿年。

大爆炸理论绝不仅仅是在讲述宇宙如何从很小的一点

变成今天的巨大尺寸。从大爆炸初始状态开始的一连串事件，掌控着物质的性质及宇宙的结构。简单说来，在大爆炸之后紧跟着的几微秒（1 微秒即百万之一秒）到 1 分钟之内，发生了很多事情。在我们展开细节之前，可以回想一下最初的宇宙是如此的致密和炽热，只是一个极小的有巨大纯能量的球体，而随着它膨胀和冷却，各种形态的物质、能量乃至自然作用力都从中凝结而出，这一过程可大致想象为水蒸气的冷却，先从气态变成液态水，再从水变成固态冰。每一步都有新形态的物质生成（气态、液态或固态），这就是相变。只是这些发生在宇宙诞生最初几个瞬间的变化要远比相变奇异，而我们对作为起点的最初状态也还谈不上有充分的认识。

　　一般认为，在大爆炸开始的第一个瞬间，温度非常之高，因而压力也非常之高，因此宇宙也就仅容纳了唯一一种形式的极高能量，存身于无法想象的极小体积内，远远小于一个原子甚至亚原子粒子。这一状态延续了最早的 10^{-43} 秒。（以下供参考：10^{-2} 等于 0.01，而 10^{-43} 就是 1 与前面小数点之间隔着 42 个 0。）这段时间被称为**普朗克时期**，以公认的量子力学之父、20 世纪德国物理学家马克斯·普朗克（Max Planck）命名。在这段时期（这儿我得指出，宇宙学家异想天开地征用了"时期"这样的术语，这会把绝大多数地质学家逼疯）*，自然界的基本作用力也仅有一种形式。具体来说，作用力涉及粒子交换，比如厨房磁力贴就是通过交换名为光子的粒子吸附在你的冰箱上，而光子就是传递电磁力的光粒子。如今其他作用力各有不同的"传递者"，但在普朗克时期如果所有的传递粒子都一模一样，那所有的作用力也就都一样。这个初始单一作用力的概念，正是理论物理学家长久以来苦苦寻觅的"统一场论"或称"万物理论"。目前，还难以实现仅用一个理论就解释清楚如何统一引力（使我们留在地球上的力）与其他三种基本作用力——电磁力（即电荷之间的作用力，也包括磁力）、强力及弱力（二者决定亚原子粒子如何结合在原子核中）。物理学的整个领域，诸如弦论、圈量子引力论†，都在试图敲开这枚难搞的坚果。统一除引力外的另三种作用力的尝试，在理论上和实验上都取

---

* "普朗克时期"的英文有两种表达：Planck epoch、Planck era。在地质学术语中，epoch 和 era 有不同的层级位置。地质年代时间术语，由大到小依次是宙 (eon)、代 (era)、纪 (period)、世 (epoch)、期 (age)、时 (chron)。比如，今天的人类生活在显生宙新生代第四纪全新世。——编者注

† "弦论"是理论物理学的一支，将量子力学和广义相对论结合为最终的万物理论。弦理论以一段段"能量弦线"为最基本单位，来说明宇宙里所有微观粒子如电子、质子及夸克由这一维的"能量线"所组成。"圈量子引力论"与弦论同是当今将引力量子化最成功的理论。——译者注

得了很大进展，这就是所谓的大统一理论（Grand Unified Theory），与被称为标准模型的"近乎万物"（除开引力的万物）理论异曲同工。希格斯粒子或者叫玻色子（以英国物理学家彼得·希格斯命名）的发现为标准模型带来了开创性的确证，并原则上解释了是什么让物质具有了质量这一特性（让某些物体更难被移动的"惯性质量"，就要归功于无处不在的希格斯场对粒子的拖拽）。

　　一不留神离题了。让我们回到真正的核心，也就是对普朗克时期的宇宙自身究竟是什么状态，我们还所知甚少。而关于宇宙究竟如何抵达这个原点，此前又是什么样子，我们同样不甚了了。无论如何，在普朗克时期结束时，被牢牢束缚的小小宇宙并不稳定，而大爆炸就这样开始了。

　　宇宙接下来的 10^{-35} 秒真可以算作大爆炸中的"爆炸"期，这段极短的时间发生了极速膨胀，因而叫**暴胀时期**。暴胀使宇宙的体积增加了许多许多个数量级（大约 10^{70} 倍），虽说在尺寸上只是变成了几米的大小，还不怎么大，但膨胀的速度可是光速的许多倍。*膨胀被认为是由能量

----

*　按相对论，信息和能量在空间中的运动不能超光速，但是宇宙膨胀是空间本身在膨胀，因而不受光速约束。——编者注

的释放所驱动，这能量仅有一种形式，储存在单一的作用力场中，喷薄而出的能量则成为接下来已知宇宙的物质和能量的来源。

极速膨胀之所以会成为大爆炸故事不可或缺的一部分，是因为要是没有它，对宇宙微波背景辐射（前面提到过的弥漫整个宇宙的无线电波杂音）的基本观测就难以解释。比如说，既然宇宙所有空间在近 140 亿年之后看起来都还有几乎相同的温度，宇宙不同方向相距遥远的各个尽头就必然彼此有过长期的接触并维持到了足够大的尺寸，在后续膨胀中才能以相同的温度各奔前程。若是从时间原点起它们从未彼此接触，那就很难理解为什么它们现在都具有同样的温度。极速膨胀使宇宙得以快速拥有小而有限的体积，于是宇宙的各部分在各奔前程之前，都能达到相同的温度。

暴胀时期之后，释放的能量扩散，密度降低到了一个恰好的程度，从中凝结出了物质。能量可以转换成物质，根据的是爱因斯坦少数几个人们耳熟能详的方程之一：$E = mc^2$，其中 E 代表能量，m 是转换而成的物质质量，c 则代表光速。最早出现的物质主要以亚—亚原子尺度粒子

(sub-subatomic) 夸克的形态呈现为夸克汤*，这是构建质子和中子的基础材料，而质子和中子又一起构建了原子核。这时仍有为数众多的纯能量以光子的形态存在，同时还有通常称作轻子的物质微粒，数量上比前者要少得多。轻子包括电子和中微子，电子是一种带负电的小粒子，绕原子核旋转，在电线中形成电流的也是它。中微子则数量极少，呈电中性，此时就正在飞速穿过你的身体，而你毫无觉察。大体上说，轻子的界定，部分是基于它们不能合并产生原子核。

故事进行到这里时，宇宙的温度仍然太高，夸克还不能彼此结合。但在接下来的 10^{-5} 秒中，有更多事情发生。物质和所谓反物质（比如电子的反物质是正电子，与电子质量相同而所带电荷相反）以几乎相等的数量存在。物质与反物质一旦接触就会一起湮灭，只能共存极短暂的时间。湮灭会释放出更多能量，但也会留下"少"量的常规物质，其数量略微丰富些，因而存留至今。被认为是宇宙质量最主要存在形式的暗物质（详见下文），也很可能是在此期

---

* 夸克汤：粒子物理学的"标准模型"认为，在超过1万亿摄氏度的温度下，质子和中子也会"熔化"，变成夸克和胶子组成的等离子体，这种夸克—胶子等离子体就是"夸克汤"。——译者注

间产生的。这段时期的最后阶段则涉及夸克的结合，那时候温度已经足够低到夸克终于能彼此结合产生质子和中子了，但对中子与质子结合为原子核的过程来说还是过高，更不必说生成完整的原子了。由于质子和中子一般被叫作强子，10^{-5} 秒期间的这一最后阶段就称为**强子时期**。

在这 10^{-5} 秒过后，温度仍然很高，光子也仍具有充足的能量，因此可以将能量转变为物质，并继续生成轻子。但在 1 秒之后，环境冷却，轻子不再生成。这期间生成的轻子数量，差不多就是存留至今的量（除了那些后来由核反应生成的轻子），因此 10^{-5} 秒到 1 秒这段时间就称为**轻子时期**。

在 1 秒后直到约 100 秒的期间，宇宙冷却到了能让中子与质子结合生成第 1 个原子核的温度。但自由中子本身并不稳定，倾向于衰变成 1 个电子和 1 个质子。于是到 100 秒时，剩下的中子就不算多了，在每 16 个强子中，只有 2 个是中子，另外 14 个全是质子。在这 16 个强子中，2 个中子将与 2 个质子相结合，组成 1 个氦原子核，剩下的 12 个质子，则每个都形成 1 个氢原子核。这样一来，在正常的宇宙质量中，大约有 25% 是氦（每 16 个强子中的 4 个以氦的形式存在），而剩下的是氢（每 16 个强子中的 12 个以氢的形式存在）。实际上，也还生成了少量的其他物质，比如锂以及更重的氢（氢的同位素，例如氘，在原子核中有中子和质子各一），但因为环境冷却太快而无法形成更多，它们的数量也就极少。到今天宇宙的质量组成仍与此相同，即约 75% 的氢、25% 的氦，以及少许更重的元素（详见下文），这样的成分组成结构是关于大爆炸理论可供进一步检验的预测（而且之后也确实得以成功检验）。

在接下来的 10 万年中，宇宙温度仍然太高，原子核无法俘获电子形成完整的原子。物质和光子能量的密度也仍然太大，于是彼此卡住，动弹不得。这就是说，物质太致密，光无法穿透；能量也太高，物质无法凝结起来，原子核和电子只能保持分散。由于这期间的宇宙整个沐浴在光子中，人们通常称之为**辐射时期**。

到大约 10 万年时，物质和光子的密度都降低到了光能从中逃逸的地步。到大约 38 万年时，温度则降到允许原子核与电子结合形成原子，这就开启了我们基本上至今仍身处其中的**物质时期**。这一最后的结合也释放了大量的能量，残留下的就是暗淡的宇宙微波背景辐射。最后的核结合及能量释放也携带了在暴胀时期之后各向均一、略有涨落的夸克汤的迹象，因此宇宙微波背景辐射的这种有轻微涨落的均一性模式，如今被认为是宇宙第一个指纹剧烈扩张的一丝反映。

辐射时期的光逃逸一空，以及原子结合的能量井喷后，宇宙在接下来的 3 亿年里陷入了黑暗，这就是**黑暗时期**。简而言之，宇宙温度降得太低，而物质也稀释得太厉害，再也没有什么东西能发光了。

在黑暗时期末期，氢氦混合气体中轻微的密度涨落导致了指向高密度区域的引力，也就使这个区域能吸引更多物质。更多的物质又进一步使密度涨落更大，又吸引更多物质，如此往复，就形成了第一批巨型星云形式的引力束缚结构。在这些气态的星云中，那些最大的第一代恒星诞生了。

第一代恒星应当仅由氢与氦组成，它们的亮相标志着黑暗时代的结束，时间在大爆炸之后 3 亿年。那些最大的第一代恒星诞生而又复归死亡，创造出更重的物质（详见下章），其他较小的恒星则由巨大星云的驱动而形成，并因引力束缚而集结，从而有了第一批真正的星系，这一过程在大爆炸之后的 10 亿—30 亿年达到鼎盛。尽管总体而言宇宙中的星系在膨胀中彼此远离，但它们并非完全自由地飘荡，其中一些会因为彼此的引力束缚而形成星系团。星系团在引力下形成纤维状结构。这些纤维组成的网是宇宙中最大的结构，纤维之间则是空洞*。这样的结构充斥着宇宙。

我们自己的星系——银河系，就是由仙女座星系的引力束缚着（在遥远的将来它们甚至会相撞），而它们也都是室女座星系团中的大型星系，后者又是更大的拉尼亚凯亚超星系团的一部分。不过在大爆炸之后 10 亿年的第一批星系形成之后，可能又花了 10 亿到 20 亿年才形成这些星系团和纤维状结构。

今天的星系在大小和形状上并不一致，但轮廓也并非完全随机。最大的那些星系呈椭圆形，组成为球体的恒星们以随机的轨道方向绕星系中心旋转。更为常见的是圆盘状、螺旋形、有旋臂结构的星系，它们盘面扁平，看起来在绕质量中心旋转，例如银河系或仙女星系。实际上，由

---

* 空洞：天文学里，空洞指的是纤维状结构之间的空间，二者均为宇宙组成中最大尺度的结构。一个典型的空洞直径大约为 11 至 150 个百万秒差距（1 个百万秒差距等于 3261600 光年），其中只包含很少或完全不包含任何星系。——译者注

布满气体和恒星的巨大星云形成的旋转的星系本来会坍缩，但旋转阻止了垂直于旋转轴线的坍缩，倒是允许平行于轴线的"跌落"，这就形成了扁平盘状结构（与太阳系的形成类似，后面我们将展开讨论）。在太阳系这样的系统中，坍缩星云的中心通常拥有更多质量，对一个太阳系来说这就是恒星。而在星系中，中心拥有过多质量，因而会形成超大质量的黑洞，它的质量和密度是如此之大，甚至连靠太近的光都无法逃出它的引力。

典型的星系直径约为 10 万光年。（1 光年即光在 1 年中走过的距离，约 10^{13} 千米，也就是 10 万亿千米。作为比较，太阳系中最远的行星海王星，与太阳的距离约为 45 亿千米，不及 1 光年的 1/2000。）我们的银河系有数千亿颗恒星。然而某些方面的证据表明，已观测到的星系质量只是星系总质量的一小部分，尚有大量看不见的质量存在于星系中，人们恰如其分地称之为暗物质。

20 世纪 60 年代，美国天文学家薇拉·鲁宾（Vera Rubin）和同事们发现，位于圆盘状星系的螺旋和旋臂中的绝大部分恒星，绕星系中心旋转的速度几乎都是一样的，而与它们到星系中心的距离无关，这与我们的行星围绕太阳旋转的方式截然不同——太阳系行星的轨道速度随着与太阳距离的增加而递减，这是因为仅有太阳引力将它们固定在轨道上，而引力随距离减小（这样的轨道叫开普勒轨道，以开普勒及其行星运动定律命名）。绝大部分恒星的轨道速度一致，这表明，距离星系中心越远，其轨道内就有越大的质量提供引力，将其束缚在星系中。但是，让恒星这样旋转所需的总质量，远大于观测到的正常星系质量，这就说明可能存在暗物质，提供了所需的其他质量。

　　天文学家同样注意到，如果星系质量仅由可观测到的恒星组成，星系团内不同星系的相对速度就比引力所能束缚住的速度要快得多。也就是说，星系团能保持稳定、不四下飞散的唯一原因是，存在比可观测质量多得多的质量来束缚它们。关于暗物质还有各种各样的其他证据，比如引力透镜效应，指的是当光线经过质量巨大的天体如星系团时，路径会发生弯曲。

　　这种将星系和星系团固定住的看不见的暗物质，在电磁波的任何波段（从微波到红外再到紫外）都检测不到。但近年来，天文学家不得不得出结论，宇宙中的物质有相当大的一部分都是暗物质，而最早星系的组成也被认为其中的暗物质成分要多于氢和氦。由于对暗物质的存在只能间接探测，其基本组成仍然是一个谜。

*

　　既然从大爆炸以来宇宙就一直在向外膨胀，自然就会有这样一个关于未来的问题：膨胀是会在引力的作用下慢下来，但凭着充足的初始爆炸能量仍能一直持续，还是说它总有一天会精疲力竭，在引力的作用下宇宙将向内坍缩回到中心？最近的发现表明这两种设想都大错特错，宇宙的膨胀正在加速。在这之前，引力被认为是仅有的长程力，并且在质量的吸引下会造成宇宙膨胀的减速（或可能的坍缩）。加速膨胀的结论实在出人意料，因而为另一种迄今为止尚未探测到的作用力提供了证据。这种作用力产生于一种名为"暗能量"的能量场，最终提供了使宇宙膨胀得更快的推动力。（暗物质和暗能量都叫"暗"，这并不是说二者相关，只不过它们都无法用光探测到。）暗能量是一种超长程的作用力，只在跨越超星系团的尺度上发挥作用，也只有当宇宙膨胀到足够大时才变得重要。据推断，直到约 40 亿年前，也就是我们的太阳系都已经形成之后，暗能量才超过引力成为支配力量，并造成了宇宙的加速膨胀。这种膨胀在某种意义上就好比是，宇宙填充着一个逐渐倾斜的浴缸，当水即将溢出边缘，转向另一侧倾泻而下。

　　考虑到被暗能量覆盖的宇宙体积，人们推断宇宙（物质和能量的总和）绝大部分都是暗能量，大约占到 70%，而暗物质则占约 25%。在剩下的 5% 的普通原子物质中，诞生了恒星、行星乃至你我，尽管这类物质的绝大部分仍然是氢和氦的形态。然而暗物质和暗能量仅仅在星系和星系团的尺度上才可知晓，这不是我们人类能感觉、能确实体验或是凭直觉能形成概念的尺度。重力基本是我们能时时切身感知并在起床、爬楼梯、倒咖啡等等日常中驾驭的唯一作用力。但是如果我们跟小虫子或微生物一样大小，我们的生活就将更多被电磁力支配，比如因电磁力而产生的静电效应，比如水的表面张力。我们将发现重力不再那么重要甚至几乎注意不到了，蚂蚁爬墙几乎不会被重力阻滞，从高楼上掉下也不会受重力影响。与此类似，对于感知暗物质和暗能量而言，我们降到了小虫子的尺度。

第二章　恒星与元素

当氢和氦（以及暗物质）形成的巨大星云在自身引力作用下坍缩，开始形成最早的恒星和星系时，早期宇宙的黑暗时期就结束了。类似的恒星诞生过程今天仍在发生，我们银河系中的鹰星云即其中一例，那里至今仍在批量生成新的恒星及太阳系。但就像我们前面说的，最早的气态星云只包含原子(暗物质除外)，绝大部分是氢和氦的形态，尚不具备用来形成行星的物质；是第一代及随后的恒星的形成与死亡，才创造出了能建造行星和行星上生命的更重元素。

一团前太阳星云（pre-solar cloud）一旦在自身引力作用下开始坍缩，它的分子就向中心跌落并不断提速（就像一个球从山上滚落）。加速中的分子彼此碰撞、弹开，其动能因此转变为热能，使星云的温度和压力升高，从而导致坍缩中止。(在下一章我们将详细讨论这类星云的大小、形状及演化历程。)

实际上，星云未必会坍缩得很厉害，这取决于它的大小。如果不是很大，那它压根儿不会坍缩多少；越大的质量，引力越强，因此星云在温度过高之前就会坍缩得越彻底。

有些进程有助于星云保持坍缩。例如，占了星云绝大部分的氢气，它的分子由两个氢原子结合而成。如果坍缩星云的中心有足够高的温度，氢分子就可以断裂为原子，而这样的分裂会吸收能量，阻止温度升高，使星云能继续坍缩。这个进程与烧开水时发生的相变很像（在描述大爆炸时我们已经打过这个比方）：炉火向水注入大量的能量使水升温直到沸腾，而沸腾时水从液态到气态的转变吸收了能量，因此温度会不再变化，直到所有的水都煮干。与此类似，从氢分子到氢原子的转变从坍缩的星云中吸收了热能，使星云的温度保持稳定，直到转变结束。稍晚一些或在星云的更深处，当温度更高到能从氢原子中剥离电子使氢原子离子化时，还会有相似的过程发生。这样的进程就好像另一种"相变"，使温度能保持稳定。

即便如此，也只有极大的星云才能无需任何外力，仅凭自身就坍缩得足够彻底。最早一批完全由氢和氦组成的恒星质量巨大（传统上它们被叫"第三星族星"*，而今是遍寻不见的讨厌鬼），它们来自的星云质量数千倍甚至数百万倍于我们的太阳，所以最终形成的恒星质量也是太阳的数百倍。小型星云会形成更小的恒星，它们的坍缩需要触发和推动，以便越过界限，到达能保持收缩的足够密度。例如巨星，往往在超新星爆发（详见下文）中死亡并产生冲击波，从而形成对邻近星云的一记重击，使之开始坍缩。很可能正是凭借了这样的外力，第一批小型恒星得以形成。它们存在了非常久的时间，因此也留下了关于宇宙年龄的一些主要证据。在陨石尘粒中有迹象表明我们自己的太阳系就是这样启动的，不过我们过一会儿再回过头来说它。

　　一旦万事俱备，坍缩星云的温度峰值能够达到1000万摄氏度左右，那一颗恒星就将诞生了。在如此温度下，电离氢（离子化了的氢原子）的原子核（这会儿也就只是个质子而已了）移动速度飞快到能克服电斥力（质子均带正电，因此互相排斥）彼此聚合为氦，氦原子核通常有2

---

* 又称无金属星（天文学上将比氢、氦更重的元素一律称为金属），是理论上应存在于早期宇宙的恒星，质量极大，温度极高，且只由氢、氦组成，其存在的理论依据是大爆炸不可能产生比氢、氦更重的元素。但在今天的宇宙观测中，尚未直接观测到第三星族星。——译者注

个质子和 2 个中子。这一核聚变过程由于涉及质量向能量的转变，释放了巨大的能量。正如前一章所述，爱因斯坦最众所周知的方程 $E=mc^2$，描述的就是物质质量 m 向能量 E 的转变，其中 c 是光速，大约 30 万千米每秒，也就是能让你在 1 秒内绕地球 8 圈左右。c^2 这个数极大，因此即便将仅仅 1 毫克的物质（这差不多是非常小的一粒药的质量）转变为能量，都够烧开 4 万升左右的水了。或者换个说法，转换 60 毫克的物质（就是非常小的一小瓶小药片）就能把一个奥运会标准泳池的水都给汽化掉。人们在 20 世纪二三十年代发现了核聚变过程，随后便应用于发展恒星核合成理论（其中最杰出的工作是由物理学家汉斯·贝特 [Hans Bethe] 和天体物理学家弗雷德·霍伊尔做出的，不过天文学家亚瑟·爱丁顿 [Arthur Eddington] 很早以前就曾预言了这个理论），也就是上文描述的内容。

在坍缩中的前太阳星云里之所以会发生物质到能量的第一次转换，是因为 4 个氢原子的质量略大于 1 个氦原子的质量，而很多这些多出来的质量都转换成了能量。大量产生的热量阻止了星云进一步坍缩，使它的温度峰值保持在略高于 1000 万摄氏度的水平（太阳的中心温度为 1500 万摄氏度左右）。**这样陷入停滞状态的星云实际上就是恒**

星，就像我们今天的太阳一样——一个压缩的气态星云，因核聚变产生的热能而停止了坍缩。

恒星内部并不是到处都会发生聚变反应，只有在最深最热的核心区域才会有，其他区域的温度都低得不足以驱动聚变。而核心产生的热量通过对流浮向表面，使太阳外观呈现出颗粒状，这个就叫米粒组织；当热量以辐射或者光子的形式离开太阳表面，最终以可见光的形式抵达地球，就是太阳能了。更重的粒子比如零散的电子和质子也会被太阳吹走，随太阳风向外扩散，最终抵达地球和其他行星。

在像我们太阳这么小（或是像更小的红矮星那样）的恒星中，氢聚变所能保持的温度虽然较为"温和"，也会使坍缩陷入停滞。可是小归小，这些恒星还是能保持氢"燃烧"状态很久。燃烧会很慢是因为，基本上不可能一次集齐 4 个氢原子核（在极高的温度下已经都只是质子）来造出氦原子核，于是氢原子的聚变进程本身就零打碎敲。这样一来，这个名为"质子—质子链反应"的进程就要分好几步来进行：首先，2 个质子撞到一块儿，克服相互间的电斥力，短暂结合成有 2 个质子的原子核，这是氢的一种很轻的同位素（对特定元素而言，不同的同位素是指原子核中质子数相同但中子数不同，而中子呈电中性，因此不会影响元素的化学特性。氦的同位素全都有 2 个质子，中子数可以是 0 到 8 的任意值，但只有其中含 1 个或 2 个中子的才是稳定的，也就是说不会衰变成其他物质）；然后，氦的这种轻同位素并不稳定，维持不了多久就会释放出反物质，正电子或者叫反电子，以及 1 个小小的中微子（这解释了太阳中微子流量的来源），这样就能把 1 个质子变成中子，而剩下一种氢的同位素，叫作氘，包含质子中子各 1 个；接着，氘会受到第三个质子（还是氢原子核）的撞击并与之融合，成为氦的一种稳定同位素，包含 2 个质子 1 个中子；最后，2 个这种氦原子核撞到一起，形成另一种稳定的氦，包含 2 个质子 2 个中子，并释放出 2 个质子。聚变能量的绝大部分都在这最后一步产生，而快速发射出来的 2 个质子又会马不停蹄去猛撞其他质子，使这个慢悠悠的链反应能永远持续下去。（最后这种包含 2 个质子 2 个中子的氦原子核，也叫 α 粒子，它是类似于铀这种更重的原子在核衰变后通常的产物。）

我承认，上面关于氢聚变反应的细节说得实在有点多了，但有两个重要原因让我们必须关注它。第一，聚变反应是驱动太阳从而也是所有地球生命的基本能源，也是海洋、大气活动（包括洋流、天气模式乃至气候变化）的能

量之源。第二，质子—质子链反应极为缓慢，对太阳来说
氢燃烧总共可以持续 100 亿年左右，而现在我们大致处于
这个进程的中间点；我们可是花了其中相当大块的时间，
才在地球上演化出像人类这么复杂的生命，所以进程才过
半确实是件好事。但撇开这两点，像我们太阳这么小的恒
星对于建造行星而言就实在一无是处了，它只会生产出新
的氦，然而早在大爆炸之后宇宙中就到处都有氦了。所以，
太阳这样的恒星可一点儿都不特别，至少在创造新物质方
面是如此。

　　比这大得多的恒星（质量至少 15 倍于我们的太阳），
坍缩就不会因为区区 1000 万至 1500 万摄氏度的温度便
停滞，而必须要到高得多的温度。到了那种高温时，聚变
会产生新的更重的元素。比如在 1 亿摄氏度左右时，恒星
能够将氦聚变为碳，然后是氧。有一种名叫红超巨星的恒
星非常大，它的温度就高得能一路形成直到铁的各种元素。
　　对于制造更重元素而言最重要的某些聚变过程涉及氦
原子核（也就是 α 粒子，上面说过，它包含 2 个质子 2
个中子）的结合。比如有一例叫"3α 过程"，需要通过
两次反应来促成 3 个 α 粒子的结合，从而产生碳。这个

反应很难得才发生一次，因此是产生更重元素的瓶颈。不过一旦有了碳，"α链"就接管了场面，每一步加 1 个 α 粒子，先从碳变成氧，氧变成氖，氖变成镁，镁再变成硅，一直到变成铁为止（实际上是先变成不稳定的镍，再通过辐射衰变为稳定的铁）。这条链上每一步都只有在比上一步高得多的温度和压力下才能发生，所以每一步都倾向于把巨星内部更深更热的地方作为自己的温床，于是巨星就好像层层剥开的洋葱，越往内的层次就是越重元素的加工厂。

这个恒星洋葱的最外层也仍有足够的温度，可以维持聚变，将氢转变为氦，从而为内部所有层级的反应提供绝大部分原料。要是最外层生产氦的速度和我们的太阳差不多，那下面的加工厂就都得被它卡住，或者至少这种情况也会成为主要的瓶颈，因为温度更高压力更大的地方发生反应的速度可比它快得多，氦的涓涓细流很快就会榨干耗尽。好在这些恒星上有了碳、氮、氧的存在，提升了生产内部各层都需要的氦也就是香饽饽 α 粒子的速度，人们贴切地将这个反应叫作**碳氮氧循环**。

靠近恒星中心的最深最热层如果温度够高，就可以产生稳定的铁（经由不稳定的镍），但到这儿聚变反应也就到头了。要生成比铁更重的任何元素都会涉及质量增加，也就是要创造的元素质量大于原料质量之和，要进行这样的创造就得吸收大量的能量而不是释放能量。而且这种聚变也不会驱动进一步反应，反而会使环境冷却，反应停止。

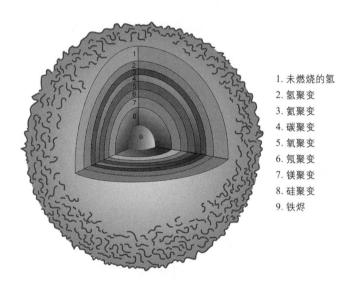

1. 未燃烧的氢
2. 氢聚变
3. 氦聚变
4. 碳聚变
5. 氧聚变
6. 氖聚变
7. 镁聚变
8. 硅聚变
9. 铁烬

巨星的结构多少有点像洋葱。每一层都是一个加工厂，将来自上一层更轻的元素融合，逐步产生更重的元素，比如由氢变成氦，由氦变成碳，这样一路进行下去直到变成铁。很多反应都涉及产生 α 粒子的氦原子核聚变，从而创造出对建造行星和生命来说必不可少的元素，比如碳、氧、硅、镁等。（图片由 Barbara Schoeberl 授权使用）

万物起源

我们太阳系中含量最丰富的一些元素（氢和氦除外，它们当然是最多的）完全由 α 粒子组成，包括碳、氧、硅、镁、钙、铁，它们同时也是构建生命和行星的绝大部分原料。为什么生命是"碳基"的，这是一个可能的原因。作为 α 过程链生成的首批稳定元素之一，碳不仅数量庞大，还极为多才多艺，可以形成多种化合物或说化学物质，尤其是跟无处不在的氢一起就能形成有机分子，而有机分子是筑造生命的基石。其他重要元素（尤其对生命来说）例如氮和磷，则要由别的聚变过程来生成，通常是扔进一个氢来让单位重量变成奇数。这样一来，你身体里的每一个原子都来自巨星，除了水分子中的氢绝大部分来自大爆炸。听起来可能有点不可思议，但你总得有一个"故乡"呀。

门捷列夫在 19 世纪创立的元素周期表，列出了我们已知的所有元素。其中有很多元素比铁要重，但存在数量都很少。这些重元素确实很难制造出来，所以它们的数量相比其他元素而言，只是"痕量"级别。制造这些重元素的过程叫"中子俘获"。发生在恒星内部的是慢中子俘获过程，首先是由铁原子核俘获其他聚变反应剩下来的中子，变成较重的铁同位素。这样的同位素并不稳定，通常接着会释放出 1 个电子，从而使 1 个中子转变为质子，这就造出了元素周期表中下一个最重的元素。这样依次吸收更多的中子，如此这般，就逐渐慢慢制造出了越来越重的元素。中子俘获的另一种形式叫"快中子俘获"，会在巨星灾变性的死亡期间发生。

再过50亿年，当我们的小恒星——太阳——走向死亡时，它会用尽炽热核心中的氢，聚变反应也会逐渐停息，不再能使太阳保持膨胀，50亿年前一度启动的坍缩又会复现。不过，鉴于太阳那时依旧炽热，进一步坍缩反而会使温度继续升高，直到1亿摄氏度时，氦就被聚变为碳，然后是氧，就像巨星里的情节一样。到那时，太阳会作为红巨星（不是红超巨星）向外膨胀，将核心之外留存的气体大量刮走，并吞没几乎整个内太阳系（包括地球）。在日核里发生的氦聚变（也就是 α 过程）反应会很快耗尽燃料，而任何更进一步的坍缩都不会使温度高到能触发新的聚变、生成更重元素的地步。到了这一步，我们的恒星就真的走到生命终点了，到它散尽剩下的氢氦大气层之后，余下的是一个慢慢冷却的发光体，称为白矮星，由致密的碳和氧组成，尺寸只是太阳的1/100。

巨星的死亡是更大的灾难，却也是更高效的生产。巨星一旦用尽聚变燃料，同样也会重启坍缩。鉴于巨星的体积，这种坍缩会非常迅猛，外层气体会被致密的核心反弹开，于是产生巨大的冲击波和爆炸，这就是超新星爆发。前面提到过的快中子俘获就骤然发生在这期间，原子核会俘获中子，制造出比铁更重的元素。此外，超新星爆发的重要之处还在于，恒星艰苦工作的结晶（在多层的聚变工厂里制造出来的那些元素）随之被大量抛洒到星系各处，为下一代星云配置了更重的尘埃，这么一来，当一个个新的太阳系生成时，就有了制造行星的原材料。总的来讲，就像前面提过的，超新星对启动前太阳星云的坍缩极为重要，我们这个太阳系很可能就是这么来的，证据就比如，有的陨石尘粒含有铁的更重同位素，而这只能在早前的超新星爆发中生成。

巨星在超新星爆发中喷射出了绝大部分质量，但剩下的小部分还是会坍缩成致密的一团。要是这部分质量有我们太阳的两三倍那么大，那在每个原子里支撑自身体积的电子云就会经受不住残余质量强大的内部压力，电子会被挤出轨道，压进原子核中，使每个质子都变成中子。一个原子的直径大概在 10^{-10} 米（叫 1 埃或 1Å）的样子，一个原子核的直径是 10^{-15} 米的量级，两者的差别就好比体育场之于蚂蚁。也就是说，每个原子的直径就会缩小成原始

值的 10^{-5}，而体积又与半径的立方成正比，物质密度（质量除以体积）就会增加到 10^{15} 倍，也就是 1000 万亿倍。这个超级致密的天体，就叫中子星。中子星物质的密度有多大呢？拿它装满一个眼药水瓶，那就差不多跟全体人类的质量相当了。

　　要是中子星残留的质量比太阳的 3 倍还多，彼此挤压的中子就会不堪重负，坍缩成密度更大的一团。据推测那应该由夸克组成，称为夸克星，只是还从未被确认无疑地观测到过。

　　而如果剩余质量超过太阳的 5 倍，那就连夸克都承受不住这压力了，只能坍缩成极小的体积，形成黑洞的核心。特别是，一旦这巨大质量的密度足够，那它的引力会强大到甚至离核心一定距离的光线都无法逃出它的手掌心，这种光线会被捕获的距离就叫"黑洞视界"。有证据表明黑洞确实存在，包括星系中心的超大质量黑洞。

　　对我们剩下的故事而言，超巨星异常剧烈的最终死亡过程极为关键。这是因为，这些恒星不仅创造出行星和生命赖以形成的原料，而且在超新星爆发时将这些物质喷发到了星系中。要建造行星（以及正在读书的各位），这些大恒星就得足量生产比氢、氦更重的诸多元素，然后放手让它们离开以制造新的尘云，我们的太阳系就是这样子形成于大约 50 亿年前的。这不但得有足量的巨星从事批量生产各种元素然后爆炸的工作，而且要求做工作的频率够高，才能让星系里出现有能力制造行星的星云。

仅仅在银河系中与我们非常邻近的地方，都已经发现了很多满载行星的太阳系，这说明这样的太阳系并不罕见，宇宙中有足够的原料供它们形成。而且，如果红超巨星能和我们的小恒星活得一样久，那它们绝大部分今天应该仍然活着，只有极少数已经经历了生产各类元素然后在爆炸中喷发，从而在别处建造太阳系的过程。但由于自身极端高温高压，红超巨星（以及在宇宙还只有几亿岁的时候就已经形成的第一代恒星）的生命周期很短。从氢燃烧产生各种元素一路到铁的整个过程实在太快，巨星用尽燃料、爆发种下其他前太阳星云的种子，功德圆满，一共只需短短数百万年。如此一来，巨星的生生死死可以发生千百次，在几十亿年里生产出足量的尘云，让诸多太阳系得以诞生，这正是 50 亿年前我们这儿发生的故事。确实，恒星生成的极盛时期大概是 100 亿年以前，所以在这个游戏中，我们很可能已经落伍了。

第三章　太阳系与行星

　　太阳系和行星地球形成于大约 50 亿年前，那时距离宇宙的诞生已经有 90 亿年了。人类探索太阳系和地球年龄的故事，就像我们挖掘宇宙年龄的故事一样，色彩斑斓，充满争议。科学界给出的地球年龄，完全不符合宗教信条。然而，这个故事中最为著名、争议最大的论战，却并非发生在科学与宗教之间，而是科学与科学之间。

　　英国物理学家威廉·汤姆森（即开尔文男爵，我们上次见到他是在第一章）在 19 世纪时做了个估算：如果地球最初是一种炽热的熔融状态，随后作为一个均一固态球体突然暴露在（宇宙空间或者大气或者海洋或者随便什么的）冰冷环境下开始冷却，那么要到达今天这个散发热量程度的状态需要经过大概 2000 万年。开尔文的地球很"年轻"，是因为绝大部分由岩石组成的固态球体可没那么容易冷却，所以要解释地球现在这么高的热量损失速率，它必定是（就地质学角度而言）相当晚近才开始冷却。开尔文还如法炮制估算了太阳的年龄，来确证自己的计算。他已经知道，太阳只有在自身引力作用下坍缩时才会温度升高（事实上在氢聚变还没起作用之前确实是这样），考虑到太阳当下的尺寸和亮度，它的年龄同样也是大概2000万岁。这当然比乌雪大主教引经据典得出的6000岁的地球要老得多，但地质学家和演化生物学家认为这个年纪还是太小。

根据地质学家（也包括查尔斯·达尔文）估计，至少得上亿年的时间，才可能形成山脉和峡谷中明显的沉积层，尤其考虑到河流及洪水的沉积速率如此缓慢。生物学家的估算也差不多，因为这样才能解释生物的多样性以及为什么慢吞吞的生物变异却已积累起了非常丰富的化石记录。但开尔文男爵（在当时可是一位名满天下的学者）把这仅仅视作定性上的争论，不可能挑战他经过双重物理计算的缜密答案。数十年间，物理学家和地质学家之间唇枪舌剑甚至出言不逊，最终结果却是，他们全错了。

放射性元素的核衰变发现，最终为地球年龄之争画上了句点。亨利·贝可勒尔（Henri Becquerel）以及居里夫妇在19世纪末发现了放射性现象，并因此分享了诺贝尔奖。他们的成果表明，某些特定元素的原子较大，并不稳定，会通过从原子核中放射出粒子的方式自发转变为别的元素，比如铀就是这样。很多放射性元素天然存在于岩石中，因此人们推测，地球内部应该充满了放射性。放射性元素衰变期间剧烈的粒子放射会释放热量，可能就是这股热量让地球即使已经过了数十亿年的冷却，仍然保有今天的温度。不过，由欧内斯特·卢瑟福（Ernest Rutherford）发端的这一理论，今天看来并不那么站得住脚，因为和一开始想的不同，地球上的放射性元素可能没有那么高的浓度，而且放射性对开尔文的静态地球模型的影响也微乎其微。约翰·佩里（John Perry）和奥斯蒙德·费希尔（Osmond Fischer）在论战中提出了另一个理论，认为地球内部的液体对流，就是指热的物质上升而冷的下沉（第四章会详述），可以驳倒开尔文的模型。具体来说就是，通过不断把地球内部的高温物质运送到表面，对流可以维持地球热量的快速损失达数十亿年之久；而开尔文的静态地球模型要解释这一热量损失速率，就只能允许由"最近"开始的热传导来冷却地表附近的物质。此外，20 世纪 20 年代和 30 年代发现的热核聚变终于让人们认识到，发动太阳的不是引力坍缩，而是氢聚变（还记得第二章内容吗），它也已经让太阳燃烧了数十亿年。

直到 20 世纪早期至中期，人们对岩石和陨石进行放射性测年，据此精确测算出地球和太阳系年龄，才使这一争议真正平息。放射性元素衰变时，会将原子从初始的父放射核素（比如铀）最终转变为稳定的子体核素（比如铅）。所以一个样品中父放射核素与子体核素的数量之比可以用来确定矿物年龄——相对于父放射核素，子体核素的数量越多，样品就越老。知道了相对数量，再知道衰变速率（也就是放射性半衰期）就能计算出相当精确的元素年龄。这个办法一锤定音，解决了地球与太阳系年龄的问题，答案是 46 亿年左右。不过，地球上不存在那么老的岩石，最古老的岩石存在于陨石中，绝大部分都是岩石的碎片，从小行星带落到了地球。

近 50 亿年前，在一团巨大尘云的坍缩中，我们的太阳系诞生了。这场坍缩可能是由一次超新星爆发的冲击波而触发的，陨石中可以找到证据：一些陨石里的细小钻石内含有铁的更重同位素，而这些同位素只有在超新星爆发中才能形成。要能形成一颗像太阳这样的恒星，这类星云在开始坍缩时的尺寸通常是直径 1—3 光年左右，已经是太阳系直径的许多倍。要形成质量大得多的恒星，那星云直径恐怕得有数十光年。然而对于我们直径10万光年的银河系来说，这个尺寸也就是沧海一粟而已。在这样的星云里，也只有名为"星云核"的一小部分，最终变成了像我们这样的太阳系。在成功坍缩为太阳系的过程中，星云核的绝大部分质量跌落到中心变成太阳（正如上一章所述），余下的质量只是九牛一毛，接近太阳质量的0.1%左右，变成了太阳系的行星。

所有的大行星都在一个圆盘上绕太阳转动，这个圆盘叫"黄道面"。圆盘状太阳系的形成，是由星云的旋转导致的。一开始，星云的旋转十分缓慢，之后随着坍缩的进程，旋转会变得越来越快，就像滑冰的人在旋转中把外展的手臂收回时，旋转也会加快一样。星云越转越快，离心力效应（把物体从旋转轴向外甩出去的效应）就会排斥垂直于旋转轴线方向的坍缩。但平行于旋转轴线的坍缩就不是这样，星云可以相当自由地在这个方向上跌落。结果就是，星云一侧向内坍缩，从而使得星云扁得像一张煎饼一样。绝大多数星云气体形成了中心的太阳，而剩下的围绕太阳转动的极小部分气体形成了太阳系的行星。

这个"扁平圆盘"的故事诚然很动听，但却也导致了关于太阳系形成的几个主要悖论之一：要是星云真的始终像滑冰的人那样举手投足，那么作为一个整体的太阳系转速会快得多，由之而来的离心力也不可能允许它坍缩成现在这样的"小尺寸"。就算最初时候的星云核几乎没有旋转，它也是要从那么远的一个距离开始坍缩，就像一个滑冰的人要从好几千米远的地方外收回满负重物的手臂，而不是从一胳膊远的地方收回空空的手臂，二者相差的旋转增速不可同日而语。

在一些遥远的、与形成太阳系的尘云相类似的星云中，观测到的旋转确实很缓慢。旋转运动的能量（具体说就是动能）通常只占星云全部能量的几个百分点，而星云的全部能量几乎都是重力势能（就是当星云坍缩时会释放出来的能量，可以加热气体、触发氢聚变和制造恒星）。但是就算旋转能量占比如此之小，巨大的星云坍缩到太阳系这种小尺寸的时候，太阳的转速还是应该比如今快得多，圆盘环绕太阳的转速也会比今天我们行星的公转快得多。但是这种速度的旋转产生的离心力效应也绝不可能让我们太阳系坍缩到现在的尺寸，而是会让木星（与太阳的距离是日地距离的 5 倍）搬到海王星轨道（与太阳的距离是日地距离的 30 倍）之外的某处。反正太阳系在坍缩过程中摆脱了旋转能量（或者不那么等价地称之为"角动量"）。在太阳系物理学领域，这叫"角动量悖论"，尚待解答。可能的答案遍及各个学科领域，比如磁场，又或是湍流，窃取了太阳的角动量并喷射出太阳系。但在太阳系物理学圈子里，还没有任何得到普遍认可的解释出现。无论如何，太阳系解决了它自身的角动量问题（尽管我们还没能参透个中机密），而最初的前太阳星云就这样坍缩为可爱的太阳系尺寸圆盘，也终于让木星占据了现在的轨道。这个初始的坍缩十分迅速（当然，是就地质学上的时间尺度而言），可能只花了 10 万年左右。

　　既然都给出了"角动量悖论"这样的名称（虽然已经尽量避免，但现在不得不说了），我想我还是解释一下什么是"角动量"为好。不论是好是坏，这个概念稍后总能派上用场。动量指的是从质量和速度两方面来计量物体运动的量，同时也是使别的物体运动起来的能力。物体的线性动量的值等于质量与速度的乘积。一辆时速 100 千米的汽车，就比同样速度的摩托车动量要大，在相撞时汽车会有更大的冲击来让别的物体也动起来。旋转物体的角动量（无论是在空间中的自转还是绕一个点的公转）与此相似，只不过数值上是物体的质量乘以旋转速率（每分钟多少转），接着再乘以系统有效半径的平方。说到"有效半径"，我指的是从旋转轴到物体绝大部分质量所在位置的距离。所以一个质量基本都在轮圈上的自行车轮，就比同样质量和旋转速度的纺锤或车轴有更大的角动量。至于角动量使别的物体动起来的能力，想象一下你用手试着让它们停止旋转，就显而易见了。

由于太阳系的行星质量基本都集中在木星上（有效半径），而木星距离太阳又相当遥远，太阳系的角动量就基本都在木星轨道上。但要是最初星云的角动量没有在某个时候喷射出去的话，太阳的转速会比现在快得多，木星的角动量会是现在的几千倍，那样木星在太阳系中的位置就比现在要外围得多了。

原始的前太阳圆盘充满了带尘的气体，绝大部分是氢气，有一些氦气，还有各式各样的尘埃和冰，来自数十亿年间在巨星内产生的物质。圆盘的各部分都绕着正在变成太阳的星云质量中心旋转，旋转产生的离心力效应确保了气态圆盘不会向内坍缩。不过，圆盘绕质量中心旋转的方式，与今天的行星并不完全一样。

第三章　太阳系与行星

　　今天的行星在环绕太阳公转时，源于太阳引力的向心力和公转的离心力达到了精确的平衡，形成了开普勒轨道（荣耀再次归于约翰内斯·开普勒，他在 17 世纪基于实际观测推导出了行星运动定律）。但在前太阳星云的中心附近，当时的圆盘要厚一些，那里的气体被成形中的原始太阳加热，因此相对于较冷也较稀薄的外围气体有更大的气压。这一气压差从高压向低压对气体产生了向外的推力，从而稍微抵消了引力。这样一来，气体受到的指向原始太阳的牵引力就要小于在真空中公转的行星，气体的旋转速度也略小于行星，也就是小于开普勒轨道速度。以上听起来确实有点高深，但事实上这是一个背景设定，关乎太阳系形成的另一个奥秘。

　　前太阳圆盘的绝大部分质量都向内跌落形成太阳，与此同时，这个满是尘埃的气态圆盘里的一些小颗粒也形成了太阳系的行星。太阳吞吸圆盘的绝大部分质量直到点燃自己、开始聚变，这一过程只需几百万到几千万年的时间。而一旦开始聚变，原始太阳会破坏任何新行星的形成（很快我们就会详细阐述）。如此一来，行星（尤其是那些巨行星）就不得不赶在这之前加紧成形，一边要与太阳的点火时刻赛跑，一边自己也面临重重关卡。

在带尘的气态圆盘形成时，内含的固态尘粒和冰粒太轻，无法通过引力聚合，但可以通过静电力而互相粘附（就像静电等效应，或者像范德瓦耳斯力，读者诸君可自行查阅）。湍流漩涡可能也提供了助攻，让这些微粒彼此靠近旋绕足够时间以便粘附，这一过程跟家里的灰尘日积月累攒成毛团（好吧，至少我家里是这样）并没有多么不同。

但就算是建造一颗小行星，最初的尘粒（无论是矿物质还是冰质）都得增长到足够大，才能开始靠引力吸附更多质量，然后变得更大。这事儿说来容易做来难。要是积聚中的颗粒还很小（1 微米左右，也就是细菌的大小），就很容易在气态圆盘中随风四处游走，同时靠静电力互相吸附。而一旦增长到足够大，也就是 1 厘米或更大一些，颗粒就会更多受原始太阳的引力作用，而气压差产生的外推力就不那么重要了。这时，微粒会以更像行星的方式开始绕原始太阳旋转，轨道也更接近开普勒轨道。这样旋转着的团块，速度会比圆盘中的气流要快，因此会遭遇逆风，受气流拖拽而减速，因而向内盘旋着落向星云中心。

要是这些团块有办法增长到星子尺寸，就像小个头的小行星那么大，也就是直径 10 米到 1000 米的样子，那它在气流中就能乘风破浪，几乎不受逆风的影响，也不盘旋内落，或者盘旋得很慢，因而就会比气体活得久（再过几段气体就要谢幕离场了）。此外，直径1000米或更大的天体可以产生足够的引力来吸附更多的质量，增长得更快。

然而，要是团块处于中间尺寸，也就是直径几厘米到1米左右，受到的逆风就会很大，它会很快盘旋内落，不消几百年就会被原始太阳吞没，对天体来说这也就是一眨眼的工夫。雪上加霜的是，这种中间尺度的天体既不够黏也不够重，无法互相吸附增长，反而往往彼此弹开。

所有的行星都始于这般微小的尘粒，它必须想到办法以够快的速度积聚增长，才能在被太阳像马桶冲水那样吞吸掉之前，闯过直径几厘米到1米的这个关口（哪怕在这个尺寸还没聚合得很紧凑）。一句话：它必须想办法在几百年内快速通关，否则就是灭顶之灾。这个难题被称为"1米栏"，到现在也还没完全破解。不过最近有研究显示，一个个增长的团块在迎风推进中会聚集起来，尽管聚集得松散，但也能有效地形成更大的集群，在逆风中互相掩护，就像环法赛中的自行车手一样。

最早的"毛团"开始积聚的时候，坍缩在圆盘中心的那一团物质也开始变热，走上变身恒星之路。早在聚变开始之前，这团的温度就已经高到能加热圆盘的内部。在圆盘炽热的内部，紧紧积聚在一起的尘粒基本都是矿物质成分，不容易汽化，于是最后变成了岩石。而外太阳系则更冷，可以让水、甲烷、氨等成分凝结成液体甚至是冰。这两个区域的分界线叫雪线，恰好离今天木星的公转轨道不远（在今天火星和木星轨道之间的某个地带）。

由于受到前面说过的那种气流对小粒子的拖拽，很小的冰质碎片和团块会向星云中心盘旋跌落，到达雪线时就会汽化，形成的气体在那里创造了一个相对高压的区域。圆盘中刚好位于这高压区域外侧的气体就会受到向外的推力，从而进一步抵消引力，绕原始太阳的旋转会变慢，于是对运动较快的固体粒子就产生了更大的逆风和拖拽，也就让这些粒子向雪线盘旋跌落得更快；而恰好位于雪线也就是高压区域内侧的气体，就额外受到一个指向原始太阳的内推力，叠加在引力上，导致这些气体旋转得比固体粒子更快。于是在顺风中这些粒子会被抬升回更高的轨道，盘旋而出——本质上，高压雪线两侧的粒子都会受到朝向雪线的拖拽，对冰质粒子来说就像是陷阱一样。（不得不说这个效果跟直觉有点相反：流体通常是会被拖向低压，就像下水道那样；但在旋转的圆盘中，气体和粒子之间的相互作用可比浴缸里的水流要复杂得多。)

　　上述效果造成气体与冰质粒子在雪线上的堆积，可能就此创造了一个巨行星的摇篮地带，木星就由此而来。考虑到行星质量、转动能量或角动量，木星在我们太阳系里绝对是举足轻重的大哥大，除了有我们住在地球这一项，其他所有重要的东西，也就是太阳系的质量、能量和角动量，都被太阳和木星差不多占完了。不过这也正好说明，尺寸并不意味着一切（至少我们地球人得这么讲）。

　　木星的成形过程一开始启动，就让邻近的巨行星比如土星的成长也加快了。尤其是，木星的引力拖拽让位于它轨道之外慢得多的旋转物体加速盘旋向外；与此同时，从更高轨道盘旋内落的尘埃和冰将汇入这一股往外的涌流，质量由是富集，成为其他巨行星比如土星的补给线。

　　最早的原行星（first proto-planets）来自尘粒，成长势必很快。行星成形必须克服重重困难，比如摆脱角动量、跳过 1 米栏，同时还要与太阳赛跑。尘埃正在积聚成团块；成长中的原恒星也正在吃掉圆盘质量，以备开启氢聚变，开始发光。就在点火之前，原恒星加热了内太阳系，喷射出气体，形成强烈的太阳风，圆盘状星云里尚未被足够大的天体捕获的全部剩余尘埃和气体，都会被这股风给吹走。从原太阳星云开始坍缩成圆盘算起不过几千万年甚至更短，强烈的太阳风就出现了，气体就此消失殆尽，在地质学和宇宙学的表上看，这只是很短的时间。所以，最早的原行星，尤其是有厚厚的大气层的巨行星，必须快马加鞭赶紧成形，否则它们的食材就要被吞噬或刮得一干二净。在这么短的时间里要让这些天体从尘粒长成星子再长成行星，可是一项艰巨的任务。太阳系想出办法做到了，科学家却还没完全搞明白，这也是太阳系如何形成的诸多未解之谜中又一个让人挠头的问题。

在炽热的内太阳系成功存活下来并且成形了的类地原行星（或岩石原行星），起初的尺寸可能跟较大的小行星差不多。这类原行星有的挺大，足以加热到熔化自身，热量则绝大部分来自碰撞，小部分来自短命的放射性元素（比如铝和钾的不稳定同位素）的强烈加热。一旦岩石熔化后再度冷却，铁就会越来越富集在剩下的岩浆（熔化了的岩石）中，这是因为铁在岩浆中更容易溶解。到最后，剩下的那团岩浆会固体化，而里面会富集相当多的铁，于是比周围的岩石都要沉，要是天体够大，能有显著引力作用的话，这团岩浆就会向天体中心下沉，形成铁核。所以比较大的小行星,比如谷神星和灶神星,应该都有金属内核。(到达地球的陨石中有的含纯铁,顺理成章被叫作铁陨石或者石铁陨石,就被认为是这种小行星撞碎后散落的内核。)不过,大部分小行星都太小,不会经历熔化及之后一系列的过程,因而基本保持着形成之初的成分比例,这些基本就叫"球粒陨石",代表了建造太阳系的砖石(很多抵达地球的陨石来自这种天体)。

这些早期的星子,以各式各样千奇百怪的椭圆轨道绕着太阳系快速旋转,最后撞到一起,只有少数轨道更圆的存留了下来。位于同一个或邻近的环形轨道的天体,相对运动就十分缓慢,于是会轻轻撞作一团,而不会彼此撞碎。几千万年过去,这些撞成一团的天体会变得越来越大,既不会被摧毁,也不会在跟其他小行星尺寸的天体猛烈撞击时损失物质,因为它们已经有了更大的引力。相撞只会让它变得更大,最后就变成了我们现在看到的类地行星。

如今太阳系有八大行星,以及遭遇了身份危机的冥王星。尽管 2006 年冥王星被国际天文学联合会开除出了行星队列,美国国家航天局的"新视野"号在 2015 年的发现却促使冥王星重新升级为矮行星。无论如何,今天的内太阳系里有比较干燥的岩石行星,外太阳系里有巨大的气态和液态行星，两个区域的分界线则由雪线假说提供了最好的解释。然而，我们的太阳系并不一定是模板，甚至在太阳系之内，各行星今天的位置也不必然是它们形成时候的位置。最戏剧性的例子是天王星和海王星，它们在太阳系的位置很靠外（分别是日地距离的 20 倍和 30 倍），本应有机会享用前太阳圆盘上广大地带的原材料，因此理论上应该能积聚成比今天大得多的天体才对。目前的解释是，它们形成时的位置离木星和土星要比今天近得多（木星土星之间也曾比现在近得多），有更霸道的手足在侧，它们就只好饿着。土星、天王星和海王星最终都被向外抛射到高得多的轨道，主要是因为木星巨大的引力拖拽让自己就像个链球运动员，会把物体抛射出自己的轨道，直到外太阳系远之又远的地方。木星牺牲了自己的一部分角动量来驱逐邻居，因此自身应该也向内迁移了。这些大个儿行星的移动很可能导致了木星轨道内的大量物体盘旋落入了内太阳系，造成了约 40 亿年前的晚期重轰击（Late Heavy Bombardment），在那期间类地行星连遭陨石撞击。描述我们太阳系行星迁移的这个理论叫作"尼斯（Nice）模型"，以法国尼斯大学的研究团队命名。（并非因为这个模型让人觉得很好 /"nice"，虽然我觉得它确实如此。）

　　最后要说的是，尽管在我们这儿，身处内太阳系的是小个头岩石行星，对其他太阳系的天文观测却发现，内太阳系中存在木星大小的天体，而且就在类似水星那么近的轨道上（所以它们被叫作"热类木星"）。再一次，最好的解释就是，这些大个儿行星是从最初形成的地方迁移至此的，就像我们太阳系很可能发生过的那样。

　　在所有关于太阳系和行星形成的故事里，最神秘的故事来自我们自己这个：地球是怎么搞到一个如此奇特的卫星的？卫星和行星几乎一样大，这可是很怪异的事情。月球跟木星土星的诸多卫星也差不多大，木星卫星中最大的木卫三，质量只是月球的 2 倍（在质量比较中 2 倍都不算什么，跟 1 倍差不了多少）；比较而言，木星却有 300 个地球那么大，土星则相当于 100 个地球。所以，我们这个小小的行星地球是如何捕获了一颗大块头卫星的，是个谜。

　　这个异常巨大的月球，大概在生命的演化中也扮演了重要角色。月球潮汐（也就是涨潮落潮）会形成潮汐池，达尔文等人认为这是早期生命的繁殖场所。潮汐也同样造就了潮间带，也就是海岸线上一段既是潮湿海洋又是干燥（好吧，也有潮气）陆地的地带，那里的有机体在两种环境里演化以求生存，最后启动了生命向陆地的大迁移（或大入侵，看你的立场了）。

地月关系的奇特之处可不只是尺寸。目前，月球的绕地轨道半径是地球半径的 60 倍，每 1 个月左右（认真讲是 27 天）绕地球一圈。然而，月球一开始是在离地球近得多的地方，二者又是由相互间的引力作用维持长时间不离不弃，所以更近的月球就会让地球自转得更快，这点仍然可以用转着滑冰的人把手收回来作比方。事实上，好几亿年前的沉积层中的珊瑚化石（珊瑚有每天和每个季节的生长轮），记录下来的日长比今天的明显要短得多。要是我们把月球扑通一下放入地球，合并而成的行星更会快马加鞭，1 天只有 4 小时。这样，合并了的地月系统自转极快，甚至比自转最快的行星，刚好（又!）是木星，还快得多，木星的 1 天有 10 个小时。月球轨道后来会扩张到现在的大小，是因为月球潮汐在快速自转的地球表面引起了鼓起的肿块，肿块们跑在月球的前面，它们对月球的引力作用就拉着月球往前，就这样，月球慢慢被抛到了更高的轨道上（要是你能想象出怎样慢慢抛的话）。反过来，月球对肿块们的拉力也让地球的自转慢了下来。如此，虽然地球的角动量给了月球，而地月系统总的角动量仍然守恒。

　　月球的另一未解之谜是在人造卫星和着陆舱能够对月球内部做些探测之后才发现的。绝大部分类地天体都有个岩石覆盖层（地壳和地幔），以及相当大的地核，几乎全是铁，这大体上跟星子有自己的核是一个道理，前面我们讨论过，加热和熔化让铁析出并汇聚。但月球的核非常小，也就是说月球基本上不含铁，几乎完全由岩石组成。就类地天体来说，这实在是太奇怪了。

　　地球为什么能把这么大、这么奇怪的卫星骗到手？这个有关我们行星形成的问题已经让人恼火了好几百年。我小时候（20世纪60年代）老师非常明确地教给我们，月球是从地球肚子上撕下来的一块，留在地球上的证据就是太平洋。这个"教科书"解读称作分裂理论，而今已给戳穿：要从行星肚子上撕下来卫星，那可太难了。醒醒吧。

　　相反，地球与月球的快速自转，以及月球的多石少铁，才是搞清楚究竟哪个假说最可能的主要线索。在太阳系形成早期，行星跟现在差不多大小，但有大量更小的行星在周围倏忽来去。有一个火星那么大的天体，出于某些理由大家称它为忒伊亚（Theia，这大概就跟扔炸弹前得给炸弹取个名字是一个道理），并且认为它曾与原始地球猛烈相撞，不过不是正对靶心，而是有所偏离。这一记可能击入了原始地球的岩石覆盖层，让它大量脱落，同时忒伊亚自己的岩石层也脱落了。损失了太多动量后的忒伊亚，余下的内核就掉进了当时已经熔化的原始地球，地球于是有了两个金属核。在这场碰撞中，地球和忒伊亚岩石层脱落的碎片都汽化了，四下飞溅变成一团云绕着地球。这团云最后（也许花了几千年）凝结、合并，就成了月球，所以月球上才几乎全是石头而基本上没有铁核。又因为这次碰撞是从侧面扫过，所以也加快了原始地球的自转，最终地球又通过潮汐把转动（或者更为确切地说，角动量）传给了月球。这次相撞也就是所谓的大碰撞假说，20 世纪 70 年代中期由行星科学家威廉·哈特曼（William Hartmann）首度提出，但直到 80 年代晚期、90 年代乃至最近 10 年，先进的计算机模拟才让人们看到，这样的大碰撞及其后果确有可能。

尽管有这些可能性，大碰撞假说和模拟也还是有些缺陷，它并没有解答月球的所有秘密。比如说，为什么月球详细的化学特征与地球如此接近（比如测量得到的氧同位素浓度比例）：如果忒伊亚是从太阳系其他地方飞奔而来，那月球的化学特征为什么跟地球没有更多区别？在很多科学领域，对月球起源问题的解答都有非凡进展，然而还远远谈不上完成。

尽管现在太阳系已经有了八大行星和它们的卫星，仍然有相当多的物质没有被扫除干净或被行星消耗掉，可用以制造行星。在海王星和冥王星轨道之外很远的地方，有一个巨大的球面云层包围着我们的太阳系，叫"奥尔特云"（以 20 世纪荷兰天文学家扬·奥尔特 [Jan Oort] 命名），那里满是小小的冰质天体。它的半径是日地距离的约 5 万倍，海王星轨道半径的近 2000 倍，也就是差不多 1 光年。奥尔特云是长周期彗星的家园，这类彗星每 200 年或更久才会探访一次内太阳系，它们轨道极长，速度极慢，现身于四面八方而不仅限于太阳系盘面，这暗示着它们来自极为遥远的球状冰质包围层。比奥尔特云更近的是柯伊伯带（以天文学家杰拉德·柯伊伯 [Gerard Kuiper] 命名，也是位 20 世纪的荷兰人），这是冰质彗星物质的另一个聚集带，位于海王星轨道外侧不远，离太阳约为日地距离的 30—50 倍。随着越来越多类似冥王星的天体被发现，2006 年，冥王星从行星降级为柯伊伯带天体（尽管前面说过，冥王星接着又重新升级为矮行星了）。柯伊伯带是短周期彗星的家园，这类彗星不到两个世纪就重返内太阳系一次，比如哈雷彗星，每 76 年就在我们眼前出现。奥尔特云和柯伊伯带都存留了原本可以形成气态、液态行星或冰质卫星的物质。

最值得一提的物质储藏室是位于火星和木星轨道之间的小行星带，这里汇集了最多的本可形成类地行星的物质。其中的小行星，小的接近岩石、汽车，大点的有比如直径 500 千米左右奇形怪状的灶神星，更大的还有近乎完美球形的矮行星比如直径 950 千米的谷神星（灶神星和谷神星都是美国航天局"曙光号"空间探测器最近的任务对象）。整个小行星带有足够的原料建造一颗大个头的类地行星，但木星扼杀了所有的机会。小行星带与木星距离太近，任何天体刚长到足够大，就会被巨大木星的引力潮汐撕碎。实际上，木星的引力潮汐直到今天仍在影响小行星带，小行星带中每隔几圈就能在相同位置面对木星（即轨道共振）的一些天体，会被木星拉出轨道，于是在小行星带上就开辟出了一道道"柯克伍德空隙"。从柯克伍德空隙里飞出来的物质，被认为是来到地球的陨石的主力军。

小行星带以及来自此的所有陨石，是建造了内太阳系行星的砖石的最佳标本。前面说过，某些名为球粒陨石的小行星（还有陨石）不曾经历过熔融或重大的变化，甚至元素构成都仍然与保存在太阳里的太阳系基本元素组成相一致，因此可以视作建造地球的最原始砖石的样品。地球是如何建造与演变的——从岩石内核到海洋、大气层（下一章细说）？要弄懂这一点，球粒陨石的成分扮演了重要角色。

最后，位于水星和火星之间的内太阳系（包括地球），也有三类小行星，尽管没有主小行星带那么密集。这三类小行星分别叫阿莫尔型、阿波罗型和阿登型，后两种有的还会穿过地球轨道。这样的越地小行星经常会撞到地球，比如6500万年前，就有一颗直径10千米左右、跟小城市一般尺寸的小行星击中了今尤卡坦半岛，造成了恐龙的灭绝。人们认为行星撞地球十分罕见，但也不是完全不可能。这样的撞击可能性虽说很低，潜在的损毁和伤亡却极大；死于这样一场事故的机会不是微乎其微，而是跟死于一次空难的概率差不多。因此，政府部门如美国航天局，都在认真计算和追踪这种小行星，并努力制定减灾计划（要是发现得够早，最可能的办法是慢慢引开它）。小行星撞击对于人类和这个星球上其他生命而言标志着巨大的灾难，但同时也只是很简单地标志着地球的大扫除活动，扫除对象则是从太阳系诞生以来仍未派用场而留下的物质。

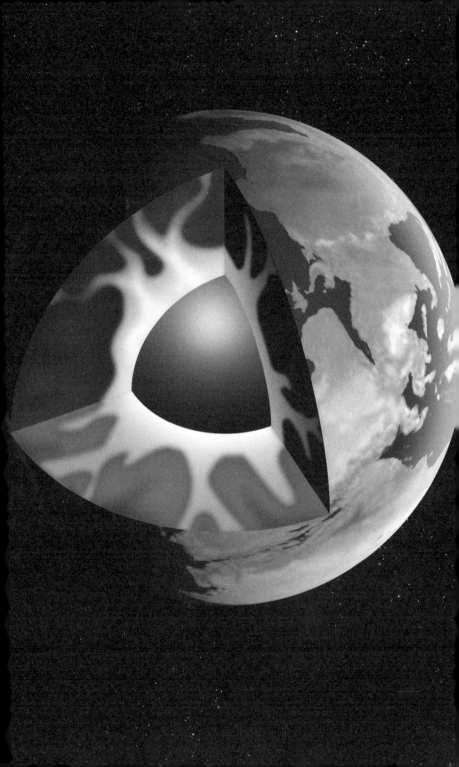

第四章　大陆与地球内部

在创建了太阳系和行星之后，现在我们可以将镜头拉近，看看我们的行星家园，并探讨一下我们身在其中的环境是如何产生的了。我们就跟其他一大堆有机体一样，也属于陆栖生物，因此在地球历史上的某个时候，我们的直系远祖需要有陆地（大陆）来东爬西窜。大陆——尤其是我们独特的大陆地壳——对地球而言独一无二。但要了解大陆是怎么形成的，我们得先深入到地球内部去看看。

我们关于行星、恒星、星系乃至宇宙的诸多知识，都来自天文观测、粒子物理学，以及太空探测器对包括太阳系在内的天体的探测，还有陨石。但要了解地球内部（更不要说别的什么行星的内部）的任何事物，就意味着要穿透厚达 6400 千米的岩石和金属，真正"看见"这个行星的中心。这使得观测地球内部比观测其他星系还要难，因此了解我们这颗行星究竟如何形成也仍然是最大的科学挑战之一。

我们关于地球内部的绝大部分知识都来自地震学，也就是研究弹性波——比如声波——如何在地球内传播的学问。但是我们难得有在其他行星上进行地震观测的机会。目前为止只在月球上有少数几个活跃的地震仪，那是"阿波罗"任务留下的；接下来针对火星的数个任务中，有一个（"洞察号"，the InSight mission）会安置一些地震仪在那里，但也就这样了，并不算多。所以，地震学以外的观测很有必要。最基本的观测是对行星"称重"，这样可以得出行星质量。在地球上称重很简单，把质量已知的物体放到秤上就行了。物体的重量等于地球质量和物体质量相互间的引力作用，因此，称重不只是测量物体放在地球上的重量，也（可以这么说）是在测量地球放在物体上的重量。如果同时知道地球的周长和半径（由古希腊哲学家埃拉托斯特尼 [Eratosthenes] 第一个算出来），我们就能得出我们行星的质量和密度，并能对它的组成有极粗略的估计。地球的平均密度大约是每立方厘米 5.5 克（g/cm^3），比较一下：水的密度是 1 g/cm^3；随手可捡的石头密度是 2—3 g/cm^3，绝大部分金属的密度在 10 g/cm^3 左右（铁的密度大约是 8 g/cm^3，金大约是 20 g/cm^3）。所以，地球比绝大部分岩石都重，但比绝大部分金属都轻，尽管我们也知道，地球物质被地球内部的超强压力压缩得比通常的密度要大很多。

对其他行星，通过观测路过它或环绕它的卫星运动如何受到重力的影响，也能得出重量。例如，知道了月球的环绕周期（就是1个"月运周期"）及轨道距离（需要进行一些天文测量，目前的具体手段就是激光测距），我们就能得出地球重量。还有，通过观察行星自转轴如何摆动着顶部像陀螺一样旋转（这种现象叫"岁差"），可以得到关于行星内部的分层或结构稍稍详尽那么一点的信息。这样的信息披露出，行星是否在中心部位有一个密度更大的内核——对地球来说的确如此，同样的可能还有除了月球以外绝大部分的类地行星，上一章已经讲过了。更多卫星观测还能给出了更详细的数据，火山喷出的岩石也额外提供了地球内部某些区域的化学组成信息（下文详述）。

不过我得再次强调，关于地球内部的绝大部分信息来自地震学。在这种情况下，需要有声波的极大能量源（比如爆炸）来形成够强的地震波，进入行星内部，再从对面穿出来。根据板块构造理论（我们很快会详细介绍），频发的大地震提供了这种地震波资源。地震波在穿过越深的地层时，声波速度通常会越快，因此抵达全球各地的地震仪或地震台的声波有不同的平均速度，取决于这些仪器探测的地层有多深。不同台站检测到的这些地震波可以用来给地球创建最深层结构的图像，或者更贴切地说，给地球做个超声波扫描。

地震学让我们看见地球内部的诸多地层，其中最清晰也最值得注意的有三层：相对较薄的地壳，由较轻的岩石组成（有些地方随着大陆生长已变得越来越厚，下面很快会详述）；极厚的地幔，厚度占地球半径 1/2 左右，由较重的岩石组成；更重的地核，占地球半径另 1/2，绝大部分由铁组成。但由于地幔是包裹着地核的，因此地幔的体积比地核要大得多。实际上，地幔占了整个地球 4/5 以上的体积。（这一事实仅凭几何学即可推导出来：球体的体积与半径的立方成正比，因此如果地核半径是地球半径的 1/2，它的体积就是地球的 1/8，剩下的 7/8 就都是地幔了。）

为了测算这些地层的密度，地震学家用不同的弹性波穿过地球内部。速度最快的地震波是声波，由任何介质中的压缩和减压形成。第二快的波来自物质的弯曲和回弹，就像弦上的波，只能发生在固体介质中，因为液体就算被弯曲或被剪切也无法靠自身回弹。这两种波的速度可用来推断，物质在超强的压力下有多容易被压缩，由此出发也能计算出物质密度。（另外还有两种更慢的地震波，只在地球的表面传播，这两种波会使大地震动翻转，造成地震灾害。）

通过这些不同的波，地震学家也知道了地球厚重的地核主要是液态的，具有像铁那样的金属的密度。详细来说，地球发生地震时，释放出的纯"弯曲"波（上文说的第二种波）无法穿过地核，地核会在震源的地球对侧投下一个阴影；既然这些波不能穿过地核，地核就只能是液态。然而，更详尽的测算揭示出，在这个液态铁核的里面，还有一个固态内核，也是由铁组成，这就好像是地核在慢慢冷却和凝固一样（想象一个上下颠倒的冰湖）。实际上还有更细致的测算可以将地幔甚至地壳都分为更多层，但为了继续推进我们还是忘了那些吧。

地震学让我们了解不同地层的物理性质，比如密度甚至是地幔不同部位的冷热不均。但地震学没法给出地层的化学性质细节。化学组成主要是由化学测量推算出来，对象包括地表岩石、火山岩（从地球内部喷发而出）、陨石，乃至保留了整个太阳系基本化学组成特征的太阳。如果我们将所有地层都重新混在一起，变成一块均质的大岩石，我们就能发现地球的主体化学组成。目前认为这些组成来自类似小行星带里最原始的球粒陨石（我们前面讲过），尽管究竟是哪种球粒陨石仍有争议。对最初的主体化学组成有了一些了解，再推断这块混合物是如何分离出不同的组分（这些组分根据各自密度或是上浮或是下沉），就能对地球主要地层的化学组成有一个合理的估算了。由此推算出，地核主要是铁，并有一些镍，以及更轻的元素比如硫，因为很容易溶解在熔融的铁中，就被带到了地核。地幔由矿物质组成，绝大部分都是镁、铁、硅和氧，你大概能想起来，这些都是在巨星内部的氦原子核聚变中制造出来的（α过程）。地壳也是由矿物质组成，包含了更多的硅和氧，以及除了镁和铁以外更多较轻金属元素的混合，包括钙、钾、铝、钠等（我不打算细举这些岩石和矿物的名称，因为我自己也记不住）。熔化使得这些组分从那团总混合物中分离，那就是另一个故事了。

很容易想象，经历了月球成形碰撞后，地球大部分都熔化了。很可能地球此前也曾熔化过，但在某些方面这还是个悬而未决的问题（除了一点，那就是假如确有先前的熔化，那么它可能影响到了大碰撞本身）。尽管地球上的地质作用已经把这熔化状态的存在证据抹得一干二净，但月球上还有证物，那就是早期岩浆洋的遗存——确确实实就是一片熔化岩石的海洋。地球自己有没有过岩浆洋尚无定论，但考虑到行星在碰撞与吸积物质方面之猛烈，一个岩浆的地球初始状态是很好的假设，这也为随后发生的一切给出了合理的起点。

在地球吸积物质的时期撞击地球的很多大块头星子，可能已经有了自己的铁核，所以那时很可能已经存在大量游离的铁，沉甸甸地像大团液滴一样插入地球，沉入地心。于是，地球很早就形成了原始地核，甚至早在巨大的月球成形碰撞将地球熔化（又一次）从而为地核贡献更多的铁之前。

地球最终形成的岩浆洋，可能曾在地球的整个体积中占了相当大一部分。随着岩浆洋的冷却和凝固，地球的不同组分不断从岩浆洋中析出，这是因为熔化了的岩石混合物（就统称为"熔融物"好了）当中不同成分有不同的凝结温度，于是在依次结晶时通常就会下沉分离出来；仍溶解在岩浆中的任何富余的铁，会一直留在熔融物中（就像星子形成的过程那样）；最终到富含铁的熔融物够沉了才会停下来，为地核贡献出最后的铁质残渣。保持凝固的岩石层绝大部分变成了地幔，而较轻的组分则上浮，最终浮到地表变成了早期很薄的地壳。岩浆洋在凝固时可能已经上下一分为二，较轻的熔融物留在靠近顶部的地方，较重的熔融物则在岩浆洋的底部被压缩至更高密度，下沉到地幔的基部。"基部岩浆洋"的证据至今犹存，表现为仍留在地幔底部、可以用地震学手段探测到的熔融物仓（pockets of melt）。

岩浆洋要是存在过，它的凝固必定很迅速（至少没有下沉到地幔底部的那部分是这样），只花了几千万到一亿年，按地质学标准这就是很快了。也正是从这以后，才有了严格意义上的地质记录，保留在现存的岩石中。尽管太阳系的年龄是 46 亿年左右，这年份却是从陨石中得到证据，而非从地球上的岩石。地球上最古老的完整岩石只有40 亿年左右的年龄，据推测它们是岩浆洋完全凝固之后留下来的。（地球上也有极小的矿石比这还早几亿年，叫作锆石，在少数几个地方可以见到，但嵌有锆石的岩石却没有这么老。）现存这样的岩石非常非常少，因为在岩浆洋阶段上浮的地壳会被继之而来的地质作用侵蚀并重新消化掉，或者也可能被一直持续到约 40 亿年前的更多小行星撞击给摧毁。于是，40 亿年前一个名为"太古宙"（Ar-chean）的严格意义上的地质学纪元开始了，现存的岩石就产生于太古宙,它在地质学年代表中占据了极大的篇幅(在总共46亿年中大概占20亿年)。太古宙之前的纪元,也就是可能存在岩浆洋的年代叫"冥古宙"(Hadean),以希腊神话的冥王哈得斯(Hades)命名。

在岩浆洋凝固之后,地球继续演化,并在寒冷的宇宙真空中冷却,尽管冷却速度要慢得多了。从那时起到现在,地球的演化一直主要受地幔支配。地幔如此巨大,行动迟缓,它决定的不只是整个行星如何在太空中冷却,还有如何在地质上演化的方式。早期阶段的地幔仍然极为炽热(岩浆洋凝固之后),现在则除了少数几块很小但很重要的区域之外几乎全是固态了。地幔同时也被不稳定放射性元素衰变时释放的热量加热,这样的元素包括铀、钍,早期还有钾的一种不稳定同位素(这种同位素衰变很快,并伴随有热量爆发,它的衰变产物实际上就是氩,是地球今天大气层的一种重要组分,地球上的目前绝大部分的氩都来自这一衰变)。回想一下,更重的放射性元素(像是铀和钍)产生于红超巨星演化期间的中子俘获过程。这一过程在恒星内部进行得很慢,但到超新星爆发时就快得很了。无论如何,炽热地幔的热量散入太空,其中有一多半是从地

球形成和岩浆洋状态留下来的，其余则出自放射性元素的
加热。

然而地幔并不是像炽热的大石头那样静静冷却，而实
际上是在很缓慢地移动。地幔中接近较冷地表的岩石会变
冷、变重于是下沉，而在地幔底部的岩石由于靠近炽热的
地核，更热也更轻，于是会上浮。热物质上升、冷物质下
降的过程叫"热对流"（有时也叫自由对流），在自然界随
处可见，从地幔到海洋到行星和恒星的大气层，比比皆是，
就连你茶杯里都有。对流驱动了飓风、雷暴、洋流，还使
太阳上出现了太阳米粒组织。对流确实要求有流动性，来
让热物质或冷物质能够在重力作用下移动（重力让热物质
更轻而冷物质更重）。因此尽管地幔是固体而非液体，但
在极长的时间尺度内还是会表现得像流体，好比固体的冰
川也会缓慢地流动，除非它融化后涌动着分崩离析。

固体表现得像流体，这听起来有点反直觉，但就像我
在前言里说的，我不会把科学搞得很浮夸，所以与其高高
在上地告诉你们"这个太复杂了"，我会试着用简化的物
质模型给出解释。（还须注意，"流体"［fluid］一词往往
被误用为"液体"的同义词。严格说来，物质的状态有固体、
液体、气体乃至等离子体等——只要真的加到够热；但"流

体"指的是物质如何流动或变形，而不是物质所处的状态。其他的变形方式还表现为有弹性的、可塑的、脆质的，等等。因此，冰川和地幔在变形时，就是固体可以表现得像流体；而气体和液体在传播声波时，就会表现为弹性物质。）

　　想象一个罐子，1/4 装了弹珠（你喜欢的话，想成球形滚珠也成）。要是弹珠全都待在罐子底部保持最低静止位置，就会规规矩矩地排列成行，妥帖紧密地挤在一起，通常每个弹珠都坐落在它下方几个弹珠之间的低位或者说窝子里。这种情形就可以比作固体，其中的弹珠就好像原子，布列有序，只要让它们各就各位，就基本上不会再移动；要是我们使劲儿地旋动这个罐子，让弹珠滚来滚去，那这时罐子里就会像液体一样：原子在四处游走，但彼此仍有联结；要是对罐子大晃特晃，弹珠就会开始在里边蹦来跳去，把罐子的整个空间都充满，这就像是气体了：原子四下乱飞，填满空间，从容器壁上弹开，两两之间则绝少碰撞。现在让我们回到静止的罐子，里边装的是"固体"一样排列成层的弹珠。要是我们稍微倾斜一下罐子，弹珠仍旧会好好待在小窝子里而不致移动，但继续慢慢倾斜的话，有的弹珠就会离开窝子，向下滚到紧邻的窝子里。就这样一步一个窝子的距离，最后我们实现了弹珠的缓慢移动，于是弹珠层渐渐地流动了，随着倾斜调整了自己的位置；但与此同时弹珠层在相当长的时间里仍然几乎像"固体"一样布列有序（这说的是弹珠们移动的间隙时间）。在真正的固体中，移动的原子离开位于其他原子之间的旧位置后，移到新的稳定位置。地幔中的岩石就是在应力（或拉或压）和重力影响下以这种方式流动的，轻者上升，重者下沉。只是地幔的流动异常缓慢，我们最恰当（或者说最流行）的类比是地幔的流动就跟你指甲的生长一样快，你可不想看着指甲长出来（除非你真的是太无聊了），但你知道指甲在生长。

好吧，可能所有这些都跟指甲生长一样无聊，但它们是重要的，因为地球固体地幔的缓慢对流决定了整个地球如何运转。稍后我们将看到，所有这些对流运动都是板块运动的起因，地震、火山喷发、造山运动等也都由此而来。地幔对流同样决定了整个行星在太空中冷却的缓慢节奏，因为地球无法以比地幔冷却更快的速度散发热量。对流是流体处理掉热量的一种方式，具体就是吸收接近地表的冷物质，将其纳入温度更高的内部（就像把冰块丢进热茶一样），同时把热物质从深处直接带到寒冷因而可以更快散热的地表。地幔以这种方式冷却，虽说是比一大块静止的岩石散热要快，但由于地幔运动实在太慢，所以整个冷却过程仍然是跬步而行。这意味着地幔会在数十亿年里持续翻腾并驱动板块运动；很可能我们也需要这样的板块运动来维持地球上长时间的气候稳定，从而孕育生命，不过我们还是晚一点再来说它吧。

地幔的缓慢冷却也确保了地核不会太快变冷，显而易见的就是地核到今天仍然基本都还是熔融态。前面说到，地震学家利用大地震的能量来给地球内部做超声波扫描，他们了解到地核基本都是液态，尽管其中还有一个固态的内核，很可能正是在这里地核慢慢地冷却和固化了。由于包围着凝固部分的外核是液态，很容易流动，而地核又是由铁构成的，所以具有导电性，于是可以承载电流。外核的流动由对流（地核冷却导致）和地球自转共同驱动。地核这个电导体是在一个微弱的外来磁场（来自太阳的磁场）中运动，于是就产生了电流，类似发电机那样（在磁性封套里旋转的一束线圈会在导线中产生电流）。地核中的电流接着又会产生出自己的磁场。所有的磁场概莫能外都由运动的电荷产生，要么像自由电子流过电线一类的电导体，要么像受束缚的电子绕着原子中的原子核旋转。后一种情形可以产生永磁体，就跟你的冰箱磁力贴是一样的性质。等到电流以及地核中的相关磁场变得够强够有序之后，就能为地球的整个磁场提供动力了。

实际上，就地球的体积来说，它的磁场强度实在大得不寻常，远远超过其他类地行星。大体上可以视作磁偶极子（dipole magnet）的地磁场有严整的结构，就像标着"南"和"北"的磁棒一样。金星，地球公认的孪生星球，没有任何可探测到的自身磁场。月球和火星在各自地壳中有一些小区域是磁性岩石，很可能在地质史早期有过它们自己的磁场，但现在是没有了。水星有一个很大的铁核，也确实像支撑起了一个类似地球的偶极磁场，但这个磁场的强度明显小得多。身在外太阳系的巨型气态、液态行星倒是都有相当显著的磁场，其中最强的要数木星（想不到吧）。

地磁场向外延展超出了我们大气层的外层，甚至能影响到月球（拜太阳风所赐，地磁场被吹成了鲸鱼的形状，带一条长长的尾巴）。这个磁场也保护着我们和我们的大气层不受太阳风和太阳风暴中的高能带电粒子的影响（下一章会再次提及）。没错，地磁场在远高于大气层的空中就捕获了这些粒子，这个空中区域叫"范艾伦带"（Van Allen belts），四下包围着地球。范艾伦带表现得就像磁瓶

第四章　大陆与地球内部

一样，一旦太阳耀斑爆发或磁暴之后，带电粒子在瓶子里装得太满，就会泼洒到南极和北极附近的大气层高处，形成北极光和南极光。我们的磁场并不会像有些好莱坞电影里表现的那样，保护我们免受不带电粒子和辐射（例如微波）的伤害。

地磁场产生于流体地核，这个判断主要是由于人们观测到磁场源自地球内部（在19世纪早期就由德国数学家高斯［Carl Friedrich Gauss］发现了），但磁场也在运动，而且比地幔驱动的地质过程（也比你指甲的生长速度）要快得多。虽然地磁场某种意义上看起来就像一根普通的磁棒（用磁铁矿制成，在自身晶体结构中有严整高效的磁性），但是它并非由永磁体构成，这是因为地幔和地核的温度太高，不允许磁性冻结到矿物质和铁中。甚至在人类时间的尺度上，地磁场也有显著的漂移，这一现象在17世纪晚期由因彗星而成名的爱德蒙·哈雷（Edmond Halley）首次注意到。地磁场经年累月地漂移，甚至每隔几十万年还会突然来一次地磁逆转，也就是地磁北极迅速翻转到南极那边去了。所以，地磁场一定是由地球内部某种大型的、自由流动的、导电的物质驱动的（哈雷也这么推测），而液态铁质外核差不多是唯一可能的备选项。不过一直到最近 20 年，地核对流从而为磁场提供动力的这一机制（人们称之为"地球发电机"/geodynamo），才在计算机模拟中证明是可行的。

然而，关于地球发电机还有诸多细节都在热议中。比如说，地球发电机的动力来源就还没完全了解清楚。动力来源也许是简单的热对流，位于外核顶部附近（地核—地幔交界处）的液态铁变冷变重于是下沉。但是，铁也是热量的良导体，那就意味着热量的冷热对流很容易就会给散发或者说抹除掉，所以地核的热对流可能会很没力度，无法成为主要的动力来源。

或者，地核对流也可能是由液体中的成分差异或者说化学差异来驱动的。具体而言，人们推测液态的外核是一种混合物，绝大部分是铁，还含有一些镍及少量更轻的元素比如硫。当这一团混合熔融物凝固到内核的边界上时，更轻的元素倾向于留在液体中（这是因为这些元素更容易溶解在液体中），于是液体变得更加易浮，会从底部快速上浮到外核的顶部，由此产生的对流运动就为地球发电机提供了动力。金星没有自己的磁场，可能就是因为它的表面温度要高得多，导致地幔和地核温度也都更高，内核就无法凝固起来；这种解释支持了地球发电机是由与内核结晶化相关的化学对流来驱动的观点。但地球发电机的能量来源仍然有其他可能性，到底哪一种来源占了主导地位，仍属于活跃的调查研究领域。

　　但还是让我们回到地球表面，回到我们原先的地壳和大陆起源问题。任何行星的地壳通常都是由最轻的熔融物来到地表并凝固而形成。在岩浆洋时期，有些最轻的物质涌到表面，形成一层很薄的地壳，但很可能还有少量遗留了下来。从地幔（或是岩浆洋）直接上浮到地表的熔融物，多半看起来就像一摊又薄又稀的熔岩（即玄武岩），夏威夷熔岩或许最能代表。实际上，夏威夷是今天玄武岩如何形成的极好例子。夏威夷群岛产生于地幔上一个异常炎热的区域（并仍在成形），这样的区域叫作"热点"，应该是由上涌穿过地幔的热对流或称热柱产生，可能始于靠近炽热铁核的地幔底部。在地幔深处，上涌的物质起先是固态、未熔化的，但到靠近地表时就部分熔化了（熔化了一两成或者更多），这是因为物质在较低的压力下更容易熔化（压力的消减使其中的原子更容易运动起来），熔化了的物质抵达地表就成了玄武岩。夏威夷的热柱就带来了大量玄武岩，多到足以形成巨大的盾形火山群岛（盾形火山就是底部宽、坡度缓的大型火山）。别的类地行星看上去也有玄武岩地壳，很可能是以类似的方式形成，例如火星上的奥林匹斯山这种大型火山，看起来也像是盾形火山。

然而地球不只是在火山生产玄武岩地壳，就像在夏威夷那样沿着海底山脉的狭长地带（叫"洋中脊"，基本上像棒球的缝线那样包了地球一圈）也有大量产出。然而地球的"缝线"只能称得上粗制滥造，因为洋底在这些缝线地带上是撕裂的，于是玄武岩质岩浆从地幔涌出填补缺口，凝固下来就变成了大洋地壳。这个过程叫"海底扩张"，是引致革命性的板块构造学说的最早观测。

在 20 世纪 60 年代早期，美国地球物理学家哈里·赫斯（Harry Hess）就提出了海底扩张的理论，并很快为剑桥大学地球物理学家弗里德里克·瓦因（Frederick Vine）和德拉蒙德·马修斯(Drummond Matthews)的发现所证实，加拿大人劳伦斯·莫利（Lawrence Morley）也独立得到了同样的发现。海底扩张的证据在洋中脊的玄武岩质岩浆中显而易见，因为那里有岩浆凝固冷却而成的磁性矿，而这些磁性矿记录了地磁场的方向（就像放在纸上的铁屑可以显示出纸下磁棒的磁感线一样）。前面提过，由于地磁场会周期性逆转，这些逆转在海底向外扩张时就记录在了玄武岩里，就像收报机的纸带或是磁带一样（现在很少有人记得磁带了，但是 U 盘可没法胜任这个比喻，CD 也不行）。因此，平行于洋中脊的一条条清晰可见的磁条显示着地磁场何时指南何时指北，这也就意味着海底在记录这些重大事件时正在向外运动（而且实际上还可以把这些重大事件当成时间标记，用来算出海底究竟运动得有多快）。

　　绝大多数地球科学家都将海底扩张的发现视为革命性的板块构造学说的先声。从 20 世纪二三十年代以来，"地球的表面可以移动"这一观念已历经风霜，与之伴随的是大陆漂移假说，尽管这一假说和板块构造学说差别相当大。德国气象学家阿尔弗雷德·魏格纳（Alfred Wegener）提出的大陆漂移说声称，大陆像冰山一样四处移动，费力穿过大洋地壳（后来被证明没有可能）；而板块构造学说则宣称，整个地球表面分为多块巨大的拼图，彼此相对运动，嵌在各块拼图上的大陆也随之一起加入了旅程。这些拼图就被叫作地壳构造的"板块"，主要的有 12 块，比如最大的太平洋板块，以及大把小板块。无数科学家为充实板块构造学说的现代理论做出了自己的贡献，但最早彼此独立地提出板块运动的数学模型的人，是剑桥大学的丹·麦肯齐（Dan Mckenzie）以及普林斯顿大学的杰森·摩根（Jason

Morgan）。即便如此，地球为什么会有板块构造（而别的
类地行星就我们所知并没有），板块构造又是如何形成的，
都仍然是最大的谜题，需要更多深入研究。

　　地质构造板块就像是大片大片较冷的岩石，最厚可达
100 千米，但边缘并不牢固，而且在不停滑动（这是从地
质学时间尺度来看；就人类时间尺度而言，这样的滑动导

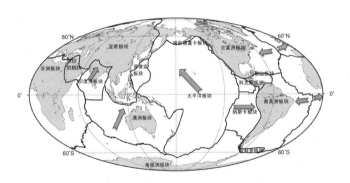

全球板块构造图

地质构造板块像拼图一样拆分了地球表层的岩石层，每一板块都在相
对其他板块运动。主要板块的名称已如上图所示，部分较大板块上标
注的箭头则显示了它的运动方向。板块间的相对运动展示出了板块边
界的不同类型，包括张裂型（可参考欧亚板块和北美洲板块之间正在
扩张的洋中脊）、聚合型（例如印度板块和欧亚板块之间的碰撞，形
成了喜马拉雅山脉）以及错动型（例如位于美国西海岸的圣安德烈斯
断层，位于太平洋板块和北美洲板块之间）。在板块聚合的“俯冲带”，
更老、更冷的板块沉入下方的地幔并使地幔变凉，这是地幔对流的形
式之一。（图片由 Paul Wessel 授权使用。）

致了地震），板块之间于是有了相对运动。就像刚才说的，在某些地方这些板块互相分离，于是那里的海底就扩张了。板块在某处分离的另一面就是，在另一处就必得相互聚拢。事实也的确如此，这样的区域就叫"俯冲带"（或消减带）。具体来说，板块在它的某条边缘与别的板块分开，通常就会在对边将自己推向第三板块并潜入其下方。像这样一板块下潜沉入另一板块下方的过程就叫俯冲。大洋深处的海沟非常充分地展现了俯冲带，比如超级深的马里亚纳海沟，那里的海底就正被下沉的重量往下拉。这整个运动都并非随机，被认为是地幔对流在地表的体现。具体解释就是，板块俯冲是因为随着它的移动，其构成物质离开了创生地——炽热的扩张中心——并冷却，最终变得又冷又重，于是能沉入缓慢流动的地幔，并使地幔也变冷。因此，俯冲就相当于对流中一股又冷又重的沉降流。

地球物理学家（比如在下）认为俯冲不只是地幔对流的表现，同时也是板块运动的主要驱动力。板块上冷而下沉的部分叫"俯冲块"，它通过对流使地幔冷却的同时，也会拉动板块上位于它后面的部分。支持上述理论的主要观测证据就是，边缘有明显俯冲带的板块同时也是运动最快的板块；而大量几乎没有俯冲带的板块，速度就要慢得多，很可能只是在被那些下沉板块挤来挤去。太平洋板块，再说一次，这是最大的板块，它的边缘富集了地球上大部分的俯冲带，运动也非常快，1 年接近 10 厘米。

俯冲带也是最剧烈、最有破坏性的地震和火山爆发的地方。地震也发生在洋中脊，但力度很小。地球上几乎全部熔岩都在洋中脊生成，但这里的熔岩很稀软，容易流动。在板块既不分离扩张也不碰撞而只是相互滑动的地方，比如圣安德烈斯断层和安纳托利亚断层，地震堪称大型但谈不上剧烈，火山活动也极少见，因为这种运动并不会把炽热的地幔岩石带到地表。而在俯冲带，俯冲板块抠住了上冲板块（overriding plate）的边缘往下拉，让它像弓一样弯了起来。到板块间的摩擦力不再能抗衡"弯弓"中巨大的张力时，上冲板块就会像一触即发的弓那样"啪"一声弹回去，释放出剧烈的地震，并常常伴有海啸。

尽管俯冲带是板块因冷而下沉的地方，这里倒有很剧烈的火山爆发，那是什么促使熔化的岩石在此上涌、形成火山的呢？要想了解绝大部分大陆地壳从何而来，这里的火山产物也是关键。实际上就我们所知，别的行星全都没有板块构造，也没有像我们地球这样的大陆地壳。

俯冲带的岩石熔化比洋中脊处的熔化或是像夏威夷那样的热点区域的熔化，要复杂一点。不过，在任何情况下，熔化都不是因为岩石变得更热了（熔化冰或者蜡时你通常会想到的那种加热方式）。在洋中脊和热点区域，地幔岩石的熔化是由于所受压力变小，因此熔化变得更容易了；而在俯冲带，熔化是由于水的存在而更容易。进入俯冲带的地质板块通常之前已经在水下淹了数千万年甚至上亿年，当洋中脊的熔岩喷出来时，就会与水反应变成含水矿物（就是化学组成里有水或者说氢的岩石），例如角闪石和蛇纹石。从大陆上冲刷下来的沉积物（诚然这时候沉积物还没有成形）沉淀到海洋底部，同样也会得到水的成分（以及碳，我们稍后再来说它）。等到板块到达俯冲带，大量的薄地壳中都有含水矿物，其中很多都被俯冲带连同板块别的部分吞了下去（尽管也有许多沉积物被刮掉了，留在身后的地表上渐渐堆积）。一旦含水矿物在地幔中积累到一定的厚度（100千米左右），它的温度和压力就会变得太大，无法继续保持含水状态，而会将水释放出来——实际上就是里面的水被烧出来了。这些水接着渗漏到俯冲板块顶部，再渗入紧邻着的更热的地幔岩石，于是地幔岩石就也变成水合物了。水合地幔岩石比不含水的岩石更容易熔化（氢弱化了矿物内部的黏合力），所以就算它旁边冷而下沉的板块温度"有限"，对变湿了的地幔来说也足够热到熔化了。因此这虽然不是特别热的地幔熔化，但仍然会向地表上升。这样的熔融物本身跟稀软的玄武岩质岩浆很像，只是比夏威夷熔岩冷一些。这样当它撞到地表附近的地壳时，就会把地壳上最容易熔化的地方熔掉（也就是能被"又冷又湿"的熔融物熔化掉的地方）。这种易于熔化的岩石往往富含硅（硅—氧分子，即硅酸盐），熔化后就与地壳的余下部分分离开来。硅含量最高的岩石是花岗岩，也是这种"冷"熔化的典型产物。

　　发生在早期地球上最初的俯冲带熔化，可能从当时还很薄的大洋地壳中只造出了极少量的花岗岩。就算今天，大洋地壳中的这种熔化也造不出很多花岗岩（或是接近花岗岩的岩石），倒是在海沟附近形成的岛弧火山（像是在加勒比海群岛和阿留申群岛那样）会有大量原始的玄武岩质岩浆从地幔中泄漏。（用"弧"/arc这个术语，是因为俯冲带的形状就像圆的一段。）但是，更多花岗岩在由地壳持续的熔化、再熔化源源不断地制造出来，同时由于花岗岩很轻，不会沉入地幔，所以会在俯冲带附近积累起来，就像浴缸排水口上的漂浮玩具一样。这样一来，花岗岩会在地壳上逐渐堆积得越来越厚，最后就变成了大陆地壳。此外，大陆下面的俯冲活动还在向大陆地壳输送含水的地幔熔融物，使更多富硅岩石熔化和分离，继续产生更多花岗岩。虽然这些富硅岩浆更容易熔化，但同时也非常厚，像块面糊（尽管没那么浓），所以很难移动。富硅岩浆也保留了自己的气泡（基本都由一开始导致地幔熔化的水形成），这些气泡是在岩浆上升、压力变小时从岩浆中析出的（就像你打开汽水瓶盖时会发生的情形一样）。因此，由这种岩浆形成的火山（典型的陆弧火山），通常都更高更陡峭（既然更厚、更像面糊的岩浆在铺开前可以堆积更多），同时在爆发前也积聚了更多气体压力，所以最后的火山爆发也就剧烈得多。但是，不论有没有火山爆发，地球上的陆地都是俯冲带的"湿熔"（wet-melting）过程造就的。

经由地幔慢慢地、一再地熔化和分离出硅以及花岗岩矿物，地球上堆积出了陆地，这整个过程用了 20 亿年左右。但是，就算大陆有时已经积聚成了厚实的地壳巨轮（变成了超级大陆），也还是会被板块运动周期性地碎裂，拆成正常陆地规模的碎片，然后过好几亿年，又会慢慢回来再聚首。超级大陆的这个堆积—碎裂循环，叫"威尔逊旋回"

（以加拿大地质学家威尔逊 [J. Tuzo Wilson] 命名）。最近的超级大陆叫盘古大陆，大约在2亿年前开始碎裂，人们认为主要是由于这一碎裂，才沿着大西洋洋中脊（扩张中心之一）开启了大西洋，这也解释了为什么美洲东岸看上去跟欧洲及非洲的西岸互补。

要造就我们的陆地得有两个条件：板块构造和液态水——要有大量的水来浸泡海底矿物并形成水合物。这两个特点都是地球独有的，而且很可能两个条件互相依赖。在接下来的两章中我们会看到，板块构造和液态水两者很可能是地球气候在长时间里（地质时间尺度上）保持稳定的必要条件，气候稳定又反过来保证了地球表面温度足够温和，能允许大量液态水存在。同样的，板块构造很可能需要有水或至少是较为凉爽的气候才能持续。因此，板块构造、液态水以及温度适中的气候三者很可能都彼此需要，相互依赖。

板块构造为何需要有水或是凉爽气候，这仍然是富有争议的活跃话题。例如，滑溜溜的沉积物和水合物在俯冲带熔化，这可能润滑了俯冲过程并使之持续；而地球较凉爽的温度也可能有助于使地质板块边缘保持薄弱、受损、溜滑的状态。实际上，要靠水一路穿过厚实的板块来润滑全部板块边界恐怕极为困难，有的板块厚达 100 千米左右，要把水加压到能挤进这样的深度还挺难的。因此，超过这种深度就必得有别的什么来让板块边缘保持薄弱。在这种深度、靠近"快速"变形的板块边界上自然裸露出来的岩石，通常都有些不同寻常的特点，比如岩石会由尺寸极小的矿石或者说颗粒组成，这样的岩石就叫糜棱岩。这些极细小的颗粒可能有助于岩石变软、保持板块边界润滑；反过来，颗粒也因为滑动的板块边界上岩石的研磨和缓慢受损而变得更为细小。这些效应共同导致了自软化反馈进程（self-softening feedback），使板块边界得以生长和存续。然而，要是只考虑矿石颗粒本身，它也会缓慢增长（跟泡沫里气泡的增长有点像），于是岩石会趋向于弥合，变得坚固结实。这种弥合在高温下发生得更快。所以，地球表面的凉爽温度可能不只是足够保证液态海洋的存在，同时还得能阻止深处磨损的板块边界弥合。比如金星，它的表面温度比地球高得多，岩石的弥合可能更快，磨损更弱，因此板块边界难以存续，这可能解释了为什么我们的姊妹行星看上去没有板块结构。不过，以言无不尽的名义我得告诉大家，这个关于板块构造起源的"磨损—弥合假说"，是我自己在科研上的浅见。

要是板块构造、液态海洋（及温和气候）相互依赖，就会将我们引入恼火的“鸡生蛋蛋生鸡”问题：到底哪个先出现？在地球科学领域，这是一个价值数十亿美元的问题（这个大问题耗资甚巨，但还没有大爆炸那么极尽奢华，那可花了几万亿美元）。要得出答案，我们恐怕得先知道板块构造和液态海洋都是何时（或如何）出现的。目前已有些眉目，但其实离确定性的线索都还差得远呢。

过去的这10年，发现了古老而小巧的锆石（一种晶体）的矿藏。它来自44亿年前，几乎只出现在澳大利亚一个叫杰克山区（Jack Hills）的地方。这种锆石似乎形成于花岗岩中，而绝大部分花岗岩都是含水岩石熔化后的最终产物，因此锆石的现身意味着液态水和俯冲活动（以及类似板块构造的东西）甚至早在44亿年前就出现了。但由此还不能断定哪个必定先来，很可能二者是同时的。实际上，如果二者并非同时出现，那很可能谁都不会出现。不过，尽管十分罕见，花岗岩也还是有可能以别的方式形成，比如往岩石上一遍遍地浇洒夏威夷型熔岩，让岩石一再熔化。所以关于板块构造和液态水的先来后到问题，目前还远远无法解答。不过在接下来的两章，我们还可以就此探索得更深入一些。

对于我们栖居其上的陆地的形成过程，我们已经了解了地球内部看起来是什么样子，以及它如何运动。在这过程中，我们指出了除拥有月球之外，地球的另两个主要奇特之处：首先，尽管所有类地行星都可能有以某种形式进行热对流的地幔，但只有地球的地幔对流表现出板块构造，这不仅带来了破坏性地震和火山爆发，而且既将地幔岩石以岩浆的形式带到地球表面，又将地表物质比如水和二氧化碳（我们马上就会详细展开）拽回地幔深处。就我们所知，别的类地行星对流时都仅有单向的物质输送，也就是通过大型火山把岩浆喷洒到地表；其次，地球有非常强的磁场，别的类地行星则都没有，至少跟我们的不一样（富有争议的水星算是例外）。地磁场强大到能向外延展超出大气层外层，而令人惊奇的是，仅仅由我们行星中心的天然液态铁核发电机就驱动了这个磁场。地球与金星相比，二者的内部深处和块头都没有什么显著差别，在大小上也几乎一样。然而，或者是因为它们相对太阳的轨道位置不同，或者是因为一个经历了月球成形碰撞而另一个未曾经历，地球和金星从此分道扬镳，最终，只有其中之一形成了磁场、板块构造、液态水，以及生命。

第五章　海洋与大气层

　　地球表面有一层由大气和液态水组成的稀薄包围圈。而据我们所知，生命的构建物质几乎都来自这个包围圈。我们是碳基生命，身体的大部分是水，完全依赖植物将二氧化碳和水转化为糖分。但对生命来说可不是只有糖就够了（嗯，你要是最喜欢糖那又当别论），稍后我们再来细说。还是先想一想，这个大气与水的包围圈是怎么来的？原始太阳燃烧时，会使内太阳系维持足够的高温，让前太阳气体圆盘无法凝结出液态水（参见第三章）。对我们太阳系的类地行星来说，行星上的大气层（幸运的话还有海洋）的命运，在那时就已经注定了。在雪线之外的外太阳系，保存了大量的冰、液体和气体，比如氢气以及由氢生成的各种产物（像是水、甲烷、氨气等）；而留给内太阳系的启动投资，却只是大量的岩石，没有多少气体。然而，今天的金星有很厚实的大气层，地球的也够大，火星的虽然薄倒也相当显眼（无可否认，水星没什么大气可以说道），这些类地行星的大气层都是从哪里来的呢？

关于这个有强烈争议的话题，说得好听点就是，有两个思想流派。理论之一叫作"后期薄层假说"（Late Veneer hypothesis），主张地球和其他类地行星的表面被蜂拥而至的小行星猛烈群殴，这发生在大约 40 亿年前的晚期重轰击期（Late Heavy Bombardment），当时小行星们从外太阳系盘旋而入。这个过程很可能是由巨行星向外迁移引发（第三章已详细论述），或许还清理掉了行星表面的所有大气层。现存大气和海洋的原材料只可能是在这样的毁灭性事件之后抵达地球，也就是由彗星从外太阳系带来的冰、二氧化碳，以及其他"挥发性"（也就是很容易气化掉）的物质。（第三章讲过，太阳系有彗星的两大仓库，即紧邻木星轨道之外的柯伊伯带和远离太阳系主体的奥尔特云。）所以，大气层的"薄层"是"后期"才给地球装上的，懂这意思了吧。

另一思想流派则主张，大气和海洋原本就藏在行星内部，这个理论的名字就没那么性感了，就叫"内源说"（endogenous origin），意思是大气来自行星里边（所以后期薄层假说其实也可以叫"外源说"）。在讨论大陆地壳时我们已经知道，水可以作为水合矿物结合在地表岩石中，同样的，二氧化碳也可以作为碳酸盐结合在岩石里（碳酸盐的常见形态有石灰岩和白垩岩）。地幔中的岩石也几乎都能与水和二氧化碳结合成各种各样的水合物或是碳酸盐，只是数量都极小；这些岩石吸收挥发性物质最多也只占到质量的 1%。不过，要给我们行星一个海洋，地幔岩石并不需要吸收很多水：地球全部海洋加起来，只相当于地幔质量的 0.03% 左右，大气层的质量更是微不足道；甚至把数倍于地球海洋总量的水塞进地幔里，都没法打湿地幔所有的岩石（可能就稍微受点潮）。小行星和星子上的岩石形成了我们的地球，这些岩石的水及碳酸盐含量甚至只要适中，就能在地球成长期时把上述成分深埋到地球内部，于是地幔就能存有足量的水和二氧化碳，最后出出汗就有海洋和大气层了。

但如果水和二氧化碳曾埋在地球内部那么深的地方，它们又是如何跑出来的呢？首先，要是的确有过岩浆洋（这个假设很能说得通），它在结晶时可能就释放了极大量的挥发性气体，比如水和二氧化碳。我们可以假设，初始岩浆洋里存有建造行星的原始材料（像是球粒陨石）里的挥发性物质。如果整个岩浆洋不管因为什么一次性全部凝固，这些挥发性物质就会仍然溶解在最终的固体地幔里，浓度很低但扩散成很大的体积。不过，由于岩浆洋是几种成分的混合物，其中一些比另一些更容易凝固，所以不可能一次性全部凝固。因此，在这过程中，更难凝固的液态部分就会保有越来越多的水和二氧化碳，这是因为挥发性物质在液体中比在结晶的固体中溶解起来要容易得多。(绝大部分化学物质在液体中都比在固体中更容易溶解，一个很好的例子就是，在溶解盐分方面水比冰高效得多，就算是海冰都几乎不含盐分。) 到岩浆洋全部凝固时，最后剩下的那摊熔融残渣的挥发性物质含量极为丰富。有些这样的熔融物很轻，于是升往地球表面；而更深处、受更大压力的熔融物会很沉，便下沉形成了基部岩浆洋（参见第四章）。漂浮的液体上升到更浅的位置，压力变小，溶解挥发性物质的能力也降低了，于是就将这些物质释放出来（这就是为什么你打开汽水瓶盖释放压力之后汽水会嘶嘶冒泡——二氧化碳突然变得不能溶解了，就变成了气泡）。而这些液体的最终凝固，会释放出几乎全部残余的挥发性物质。总之，从正在凝固的岩浆洋中最后上浮的熔融物，先是囤积，然后又放走了大量的水和二氧化碳，将这些物质以气体形式释放到地球表面，从地质学角度而言，很可能速度极快。

　　尽管岩浆洋的凝固过程很可能就释放出了大部分早期的水和二氧化碳大气层，但地幔即使变成固体之后也还是会慢慢释放气体和水。所以，就算没有岩浆洋，地幔仍然可以渗漏出早期大气层，只是要点滴积累。就像我们前面讲过的，固态地幔在缓缓对流，当炽热的岩石上升到接近地表的位置时，所受压力变小，就更容易熔化（虽然只是部分熔化，可能 10% 左右）；熔化了的部分被弃置地表，形成地壳，基本都是大洋地壳。前面说到，熔融物刚形成时，比固态岩石更容易溶解挥发性物质如水和二氧化碳，因此，当地幔熔化时，溶解在岩石里的水和二氧化碳就会争先恐后地（可以说是）"冲进"熔融物中，将其填满。而等到熔融物向地表上升时，压力变小，便（像打开汽水瓶盖一样）开始释放气体。在上升的岩浆中快速释放的水和二氧化碳，正是火山爆发的成因。随后当岩浆在地表或接近地表的位置凝固时，对气体的溶解能力就更差了，剩下的气体于是几乎全都释放了出来。最重要的一点就是，少量熔化的固态地幔吸取了这些气体，并完全只靠着各种形式的火山作用（从剧烈的火山爆发到平静的深海扩张中心）将这些气体输送到地表。最后要说的是，不管是岩浆洋凝固还是火山作用，要从巨大的地幔中提取挥发性物质造出海洋和大气层，所需熔融物的量都并不多。

内源说和外源说究竟哪一个才是对的呢？在自然科学中，很少会有明确的"非此即彼"的答案，最好的答案可能是，水和其他挥发性物质的两种输送方式可能都发生过。哪种形式的输送更加重要，可能才是更为恰当的问题。外源说也就是"后期薄层假说"的主要争议之一是，彗星的化学特征（可以通过彗星映射的光谱用望远镜观测到，极少数情况下也可以由太空探测器直接测量）与地球海洋的化学特征并不一致：最明显的特征是重氢/氘（原子核中含有中子质子各 1 个）的数量，与普通氢（原子核中只有 1 个质子）的数量之比，在彗星上这个比例往往明显高于地球（也就是彗星上有更多氘）。不过，彗星的这个比例范围非常宽泛，并且与地球的稍稍重叠，因此这个证据还不完全算是铁证如山。但是其他类似的比例，比如氮的同位素之间的比例，就更显出彗星与地球的不同了。反过来讲，来自小行星带的陨石（即球粒陨石）的化学特征和同位素特征，却很容易与地球的重叠。因此，同位素方面的证据就主要表明，海洋和大气并不是很晚才从外太空来到地球，而基本是在球粒陨石积聚成地球时，就从地球内部输送形成了。此外，有观点认为晚期重轰击可能把直到大约 40 亿年前（甚至更晚一些）的大气层一扫而空了，后期薄层假说就是基于这个观点。但前面提到的澳大利亚锆石表明，液态水出现在地表的时间要比 40 亿年前还早，尽管那时环境炎热，情势恶劣。

　　综合迄今所有的证据可以得出，类地行星大气层基本上来自我们的岩石行星内部岩浆洋的凝固，之后的火山活动，又或是两者共同作用而形成的。在这种情况下，地球最早的大气层就跟今天一点儿都不像；如果那时的大气层绝大部分都是火山气体，那就主要是二氧化碳和水。

　　二氧化碳和水汽都是强效的温室气体，这种气体允许太阳的可见光进入，地面由此变暖，而地面以红外辐射形式散发的热量则又会被它吸收保存，因此温室气体就像毯子一样让地表保持温暖。当时地球大气层含有大量二氧化碳和水，可以保存相当多的热量，于是变得极热，地表温度可能高达 200 至 300 摄氏度，这与我们现今凉爽的表面温度（平均只有 15 摄氏度左右）截然不同。金星的大小和组成都与地球相似，可能也有过相似的大气组成，但金星离太阳比我们更近一点，会有更强烈的温室效应，气温甚至更高。实际上，金星目前仍然接近这个状态，表面温度近 500 摄氏度。起初，地球和金星的大气中二氧化碳含量十分相近，可能水的含量也是。直到今天，金星的二氧化碳绝大部分仍保存在它厚重的大气层中，其表面气压是地球的 90 倍（要得到相当于地球表面 90 倍的气压，我们得潜到 1000 米左右的水下才行，这是只有潜艇才能抵达的深度）。地球大气层当时很可能也有这么多的二氧化碳，气压至少也是今天的 60 倍，然而，地球和金星如今的结局却是大相径庭。

今天的金星在地表或大气层中都几乎不含水，大气层中仍然几乎全被二氧化碳填满，因此地表十分炽热，甚至热到岩石在夜里都会发光。地球的大气层就要稀薄多了，二氧化碳含量也非常少，当然就十分凉爽，能够存在海洋和液态水，也就有了生命。既然这两颗星球的起点如此相似，那究竟是什么让它们南辕北辙了呢？

前面说到，地球和金星的大气原本都极为厚重，充满二氧化碳和水，表面压强和温度都非常高。在地球上，阳光稍微少那么一点，因此可能就刚好气温够低而表面压强够高，使得地表可以存在液态水。今天在我们的 1 标准大气压下，水会在 100 摄氏度烧开，但如果气压更高，烧开的温度也会更高，这也是高压锅的工作原理。具体来讲，在 60 倍大气压下，如果气温在 200 到 300 摄氏度之间，水可以在地表变成液态（精确点说，低于 270 度就行了）。这些液态水与板块运动重塑地表产生的岩石（tectonic re-surfacing of rocks）相结合（下一章我们会详细讨论），可能就足以启动将二氧化碳从大气中吸取出来、结合到岩石中的进程了。这个进程会使大气慢慢冷却，于是会有更多液态水，吸取更多二氧化碳，如此往复，渐趋佳境。更多液态水的出现和地表越来越冷同样也促进了板块运动（参见前一章），促使吸取二氧化碳的工作继续进行，最后在我们大气中留下来的就只有少量的二氧化碳，别的都结合到岩石中去了。

　　而金星上的阳光则要多一些，很可能就热过了头，大气无法排出液态水，水汽只能滞留其中，令金星酷热难耐。最终，太阳紫外线会将水分子分解为氢和氧，氢会逃逸到太空中去，而氧十分活泼，会与地表矿物相结合。结局就是，只有痕量的水汽还留在金星的大气层里了。雪上加霜的是，缺乏液态水以及表面高温的状况，可能阻碍了常规的板块构造重塑地表的活动，原本这种板块运动还能帮着从大气里吸取二氧化碳。所以说，地球是处在了一个恰好的点上，液态水和板块运动共同作用，一起吸取二氧化碳，最后就有了可供栖居的地表环境。金星从来没有达到过这个条件，无论是液态水还是板块运动都无法在这颗行星上立足，因此它的表面环境也就仍然是地狱般的炎热、干燥、贫瘠。

今天地球的大气层比它初诞生时要稀薄得多，如今它最主要的成分是氮气（接近80%）和氧气（约20%），还有少量其他气体，比如残留的二氧化碳、从海洋中进进出出循环着的水汽，以及该在哪还在哪的惰性气体氩气。大气中的氧气几乎全部由生物的光合作用制造出来，即让一部分未结合到岩石中的二氧化碳与水结合，生成有机分子（也就是糖）和氧气（第七章会有更多光合作用的内容）。地球上的氮气则很可能是经由火山活动从地幔中释放的次要成分（相对于水和二氧化碳来说），但由于氮气也相对惰性、不活泼（地球的温度远高于它的凝结点），因此进入大气后基本上在哪儿产生就在哪儿待着。在大量二氧化碳从大气里结合到岩石中（稍后还有较小一部分进入有机体）之前，氮气是大气中较为次要的成分，但在那之后，氮气就成为主要成分了。

鉴于地球与金星大小几乎完全相同，二者大气层的对比已足够明显，但火星大气层的演化历程还能提供有用的对比。火星现在的大气层几乎全部是二氧化碳，厚度是地球大气的 1/100，平均表面气压是我们海平面气压的 1/100 不到；这意味着我们要是不穿宇航服站在火星表面，感觉就像在真空里一样。火星的表面温度极低，平均在零下 60 摄氏度左右。火星两极的极帽绝大部分是水冰（还有一些二氧化碳干冰），而在地壳的永冻区域中可能还有数量可观的冰。赤道地区温度可以高到让冰不稳定，但大气太稀薄，冰往往会升华，也就是从冰直接变成水汽而不是先变成液态水。这样一来，火星大气中是会有一点水汽，但最终会在高纬度地区化作雪降下。不过，过去几十年对火星的大量行星探测（聚焦于寻找生命的迹象）发现它曾有过相当多的液态水，证据就是存在像被河流侵蚀的地形以及远古的冲沟。所以，在火星历史上的某些时刻，火星大气也曾厚重温暖，使液态水能够存留。

　　也有零零星星的证据表明火星在遥远的过去曾有过板块构造运动，很可能与液态水存在的时期相同，因此这也有可能是某种"水—碳—板块运动"相辅相成的循环，就像我们现在地球上的一样，但这几乎纯属臆测。无论如何，火星失去了厚重的大气层，今天留下来的只不过是脆弱的气体薄层。

火星失去了或许存在过的厚重大气层，最可能的原因之一是火星实在太小，无法紧紧抓住这个温暖的大气层。由于在温暖的大气中气体分子很容易达到足够的速度逃离火星的重力束缚，所以大气层在慢慢向宇宙空间泄漏。而与此同时，火星的大气层可能还在被太阳风层层剥离，就是今天太阳风也还在携着高能带电粒子（也就是离子）吹向各行星，这些粒子将大气层从最外层开始慢慢侵蚀掉了。地球的强大磁场能使太阳风偏转，从而保护了大气层（以及我们）免受这些粒子和其剥离的影响。金星没有磁场，于是到今天它的大气层都还在遭受剥离之苦，只是由于金星大气层够厚重，金星也有足够的重力抓住气体分子，剥离造成的损失很慢。火星可能也有过强大的磁场（使人们得出"火星曾有早期板块运动"的推断的那个人造卫星观测，同时也在火星地壳中发现了磁性条纹，跟上一章说到的地球上海底扩张中心的磁性条纹很像，由此可以推断出火星也有过磁场），但今天已经不在了，而且很可能只在历史上存在过很短的时间，因此火星大气层面对太阳风侵蚀时简直不堪一击。火星板块运动及其磁场的消失（也可能从未有过），仍可由其尺寸得到最佳解释：火星个头太小，无法将行星形成时期余下的早期初始热能留在自己内部，因此它的地幔和地核的对流太微弱，无力驱动板块运动或是地核发电机。

地球大气层和海洋的起源，为生命的诞生奠定了基础。而要让我们这个星球能够宜居，除了提供温和宜人的气候，海洋和大气的结构及运动还扮演了其他重要角色。这些我们下一章再细说。

大气层的最底层叫**对流层**，平均厚度为 10 千米左右（在赤道要厚一些，在极地要薄一些），我们认为这里是风起云涌等各种天气现象的舞台，是大气层中进行热对流的地方。大气的热对流与地幔热对流并不相同，在大气中，地面吸收的太阳热量加热了地表附近的空气，气团随之上升，在高空冷却后又降回地面，但未必是降回它出发的地方，可能是别处。所以，对流层是底部较热而顶部较冷。我们很快会发现，对流层的对流运动牵涉一些复杂性，但基本上正是这样的对流带来了风起云涌等天气。

对流层上面是**平流层**，在那里气温随高度而增加。因此，平流层顶部的空气热、轻，比较稳定，也就是说不会下沉，于是气溶胶和火山灰很容易滞留于此。（平流层的稳定性使之不会对流，因此很少有湍流，这也是为什么商业航班会在平流层底部飞行。）平流层较高的气温要归因于臭氧的存在，这是一种由 3 个氧原子构成的分子。平流层臭氧来自普通氧分子（也就是 2 个原子构成的分子），分解后也变回普通氧分子，这个循环的两边都与吸收来自太阳的特定种类紫外辐射有关，正是这些紫外辐射使平流层因吸收了太阳能而变热。对地球表面的生命来说，这个效应非常重要，是使生命免受紫外辐射伤害的保护伞。在这个意义上，生命的诞生和氧气的生产是自我强化的过程，因为后者创造了臭氧防护层。这个过程也突出表明了，为何臭氧损失是巨大灾难，以及为何 20 世纪 70 年代时提出理论、1985 年正式发现的南极臭氧洞现象，得到了如此广泛的关注，并引发了全球性的行动和污染控制以图修复。

平流层可以延展到海拔 50 千米左右的地方，在它上面是更稀薄的**中间层**。中间层顶部高度可达 100 千米左右，而且通过辐射散热的效率很高，因此比平流层要冷。中间层上面是热得多但又稀薄得多的**热层**，顶部高度达 600 千米左右。热层上面则是**外逸层**（顶部会延展到至少 10000 千米甚至更高），再上面就是行星际空间了。中间层上部、热层及外逸层下部都有显著浓度的高能离子化原子，因此统称为**电离层**，是传输全球无线电波的天然通道。

*

我们还是回到对流层好了。这一层的对流由太阳加热驱动，在靠近赤道、阳光直射的热带地区最强，在阳光更为漫射的极地最弱。如果地球没有自转，对流就会表现为这样的形式：热空气从赤道地区被加热了的地面上升至对流层顶部，然后向两极运动，到了极地变冷、下沉，再从极地沿着地表回到赤道。但地球的自转可是相当地快，赤道地面的空气持续向东移动（从地球上空一个固定的观察点来看），速度非常快，1 天之内走过地球的周长，也就是 24 小时走完 40000 千米，即 1700 千米每小时。靠近两极的地面空气，运动就要慢得多，因为在 24 小时之内要走的一圈比赤道那里的一圈要小得多。到了极点，空气就完全不需要移动了，只是在原地慢慢打转。这样一来，在赤道那儿上涌的空气就有很高的东向速度，等它升腾起来朝着冷一些的极地运动时，相对于下方的地面来说就越来越快地向着东边运动了。因此，当这股温暖的上涌气流准备向随便哪个极点前进的时候，相对于周遭环境来说，它会越来越向东偏转，一直到实际上就是在沿着一个特定纬度的纬线圈完全向东运动。最终，气流失去了热量，沿着同一个纬线圈下沉，在地球上这个纬度就差不多是 30 度（北纬 30 度，你可以想中国的杭州或是美国的佛罗里达州；南纬 30 度，就是澳大利亚的珀斯）。冷却下沉的空气撞到地面后，摊开变成向北和向南的两股气流。其中紧贴地面流向赤道的那股，会发现自己相对周围环境来说向西偏转了，道理仍然是赤道那边的地面向东运动得更快一些。向西偏转的气流就形成了**信风**（也就是贸易风），这是热带地区的盛行风向。温暖空气从赤道上升，行进到纬度 30 度上下，然后冷却下沉，再扩散开来回到赤道，这整个环流就构成了哈德雷环流圈。与此相反，从纬度 30 度左右冷却下沉的气流中分出来、贴着地面去往极地的那一股，会跟起初赤道那儿的上涌气流一样向东偏转，就形成了**中纬度西风带**，这是欧亚大陆大部分地区以及绝大部分美国大陆的盛行风向。（"东风""西风"这样的术语可能会有点儿让人犯糊涂，因为这些词说的是风分别从东边还是西边吹过来，所以西风就是往东边吹的风。）

最后要说的是，极点的冷空气想要沿地面铺开向赤道行进，就会进入周围都在以快得多的速度向东运动的环境中，这样一来气流相对周围就在向西偏转了。这些向西偏转的气流叫**极地东风带**，是从极点一直降到纬度 60 度附近（北纬 60 度，比如美国阿拉斯加，南纬 60 度，就还在南极洲的外缘）高纬度地区的盛行风。地球的南北两个半球各自有这样三个旋转方向相反的对流环，平行于赤道将地球包裹了起来。正是这些对流负责将热空气从赤道输送到极点，再将冷空气从极点输送回赤道，在这过程中还顺便驱动了全球的盛行风系，实际上盛行风就是每一个对流环底部的气流。这些盛行风向基本上决定了所有天气模式的走向（急流也拜其所赐），它们产生于每个对流环的上部及不同对流环之间。人类在扩张时期，航海迁徙于各大陆之间，盛行风对此也是至关重要。

　　强劲的信风也会将热带的海水向西推动，这些海水到达了洋盆西侧边界之后就会一分为二，成为向北和向南的两股洋流，形成像墨西哥湾暖流那样的环流型。墨西哥湾暖流将温热的海水带到北大西洋，在美国东北部和欧洲西部营造了温和的气候。墨西哥湾暖流中的温暖海水最终会在北大西洋变冷，而那里干燥、强烈的西风也会造成蒸发，使那里的海水盐度变得格外高。又冷又咸的海水很重，就会剧烈下沉，这个过程叫"热盐对流"。由盛行风和热盐对流共同驱动的洋流，极大推动了全球海洋的循环、混合与翻腾，这要几个世纪才能完成一次。海水翻腾混合的长周期也决定了海洋对气候的调节——也就是改变气温、温室气体的浓度等——得多久才能奏效（详见下章）。

　　大气对流环也决定了水汽如何通过大气层输送到全球。赤道地区的剧烈加热导致水分大量蒸发，进入温暖的上升气流。上升气流行到高处后就水平散开向南向北运动，水汽遇冷而凝结，成云致雨，这就是热带如此潮湿多雨的原因了。等这气流到了该沉降的位置，也就是纬度 30 度

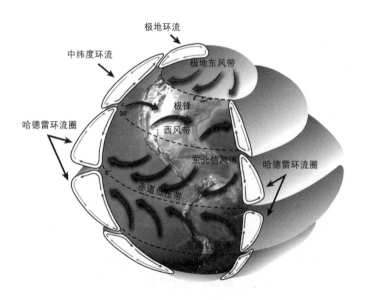

大气对流扮演了传送带的角色，将热空气从热带地区输送到两极，也将冷空气按相反方向输送。然而，地球的自转打破了对流循环，将它在南北两个半球各分为三个环流，南北的对应环流方向两两相反。每个环流底部的气流也都因为地球的自转而向东或向西偏转（这取决于气流是在远离赤道还是朝向赤道），这些气流就组成了地球大气中的盛行风。（图片由 Barbara Schoeberl 授权使用）

上下的时候，它已经丧失了水汽。所以沉降气流十分干燥，往往会吸干它着陆的地方，造就干旱地区，比如撒哈拉沙漠、索诺兰沙漠（美国与墨西哥边界）和澳大利亚内陆大部分地区；在干旱地区与海洋交会的地方，还会造就地中海型环境，像是地中海（还用说嘛）和美国加利福尼亚州大部分地区那样。这些不同的气候带与湿度区域，对农业发展有重要作用，因此也在人类历史和史前史的潮起潮落中扮演了重要角色。

上面说到，地球的大气环流主要由它相当快的自转运动所控制，由大气环流驱动的海洋环流自然也是一样。金星的自转极为缓慢，甚至是反着转的，就是说跟我们地球及太阳系里绝大部分其他行星的自转方向都相反。金星每243天才转完一圈，这甚至比1个金星年（大致相当于地球的225天）都还要长那么一点。金星自转为何如此缓慢又如此奇特？又一个关于我们姊妹星球的诸多未解之谜。虽说自转起来有气无力，金星倒是有强劲的风，就在靠近赤道的高空大气中，风向与自转方向相反（在地球上，哈德雷环流圈顶部的气流可是跟地球自转方向一致的）。火星的自转则几乎跟地球的一模一样（没有明显的原因，或许纯属偶然），甚至在它极为稀薄又几乎全是二氧化碳的大气中，也有近似于哈德雷环流圈的对流，将热量甚至是水汽从赤道地区输送到两极。火星环流会引发剧烈的劲风，风又卷起巨大的尘暴，有时一次尘暴就能将整个火星吞没数月之久。

　　尽管我一直是以地球为中心在讲这个故事，也只与我们邻近的类地行星做过零星对比，但要是不提一提木星和土星上引人入胜的大气层，本书就显得太狭隘了。木星和土星都有与前太阳星云高度相似的化学组成，基本与大爆炸之后的宇宙相同，略有变动而已。也就是说，这两颗行星都主要由氢气组成，还有一些氦气，以及少量在超巨星里生成的更重的元素。虽然两颗行星体型巨大，自转速度又比地球快2倍多（两颗行星的1天都是10小时左右，木星更快一点），但是它俩从太阳接收的热能却比地球少得多（木星接收的太阳能是地球的4%，土星仅约1%）。两颗巨行星也都有束束急流、朵朵白云，这表明行星上有多个（简化了讲）哈德雷类型的环流圈，不过驱动这些环流的能量，很可能绝大部分来自行星内部散发的热能。名为纬向风的一束束急流速度极快，在土星上时速能达到1600千米以上（地球上最快的风速在龙卷风里，时速最多也就能到 500 千米左右）。两颗行星也都有巨型气旋风暴，大体类似于地球上的气旋（就像是飓风或者东北信风，不过这两种都与水的蒸发和凝结有关，并将此作为能量来源），但规模大得多得多。土星北极有一个巨大的气旋，而木星著名的大红斑就是一个气旋风暴，体积大过整个地球，而且已经持续一个多世纪。

在我们太阳系的所有行星中，地球的大气层既不是最大的，也不是最热的，不是最冷的，也不是最快或最慢的，但却有一个迷人的原因让它独一无二：这个大气层与自身的初始状态完全不同。所有其他行星的大气层，都几乎与超过 40 亿年前给定的组成一模一样，但地球借着板块构造活动从里到外翻天覆地了一遍，把大气里所有的水排出来造就了海洋，又发展出了生命，因此今天的大气层与它最初的模样再无相似之处。最后，任何已知的行星中，只有地球如此大刀阔斧地改造演进了自己的表面环境。

第六章　气候与宜居性

　　不同于太阳系里的其他行星，地球发展出了温和的气候，让液态水得以存在，从而生命得以产生，至少就我们知道的生命形式而言。最早在地球上立足的生命是微生物，几十亿年后，地球上才会出现人类觉得"住得下来"的环境，就更别提舒适宜人了。不过就是到了今天，我们也还能在地球最严酷的环境中找到微生物：超过沸点温度的水里、强酸性的火山湖中；因此，"宜居性"的定义，真是相当宽泛。这表明或许有一天我们能在别的行星上找到生命或生命一度存在的痕迹，只要那儿的情形不比地球上最严酷的环境更恶劣。液态水似乎是生命的关键，所以生命可能栖居的潜在星球名单，包括火星，以及木星和土星的部分冰质卫星（比如木卫二和土卫二），上面都有液态水的迹象。无论如何，我们确知的是，地球发展出了特别稳定、特别宜人的气候，给了生命足够的时间去演化成复杂的多细胞形式。

　　生命存在所必需的行星条件，通常始于"连续宜居带"这一经典概念。简单来说，在任何一个太阳系中，宜居带就是处于"刚刚好"位置的轨道，这个轨道与母恒星的距离恰好让水在行星表面能以液态存在。换句话说，这颗行星与它的太阳的距离既不是太远，以致所有的水都结了冰（火星可能就是这样，虽说现在越来越有争议）；也不是太近，以致所有的水都气化了（如金星）。天文学家仍在借助这个理论去发现其他太阳系的类地行星，这是因为至少迄今为止，行星最容易被观测到的特征，就是它与宿主恒星的距离，有时也包括该行星的质量和（或）尺寸。

　　这个宜居带也是另一些理论的重要组成部分，这些理论关乎发现地外智慧生命的可能性。这儿的"智慧"，意思是能从行星上发出信号，比如带着有序信息的无线电波之类。地外生命形式是否会把我们的无线电波当作智慧生命的信号，这仍是一个见仁见智的问题，但是只要我们不会误解半人马座 α 星版本的《糊涂侦探》《星际迷航》或是《伯南扎的牛仔》（我年少时的几部最爱），搜寻标准也就会不证自明了。找到这种地外信号的可能性，可以用

第六章　气候与宜居性

著名的德雷克公式（得名于美国天文学家弗兰克·德雷克[Frank Drake]）表示，它是一些不同的相关可能性的乘积，比如恒星拥有行星的可能性、这些行星中至少有一个位于宜居带的可能性、任何潜在生命形式有能力发射无线电波的时间长度且不早不晚地处在我们有能力探测的时段内等。任意一个给定的太阳系，要演化出生命，并能在恰好合适的时段发射无线电波抵达我们这里，这个可能性微乎其微；然而在我们的银河系中，有条件让生命维持长期演化的潜在恒星（通常都是小个儿的，这样才能燃烧数十亿年）有数十亿个。因此，这几十亿恒星里就算只有极小一部分供养了能发射无线电波的生命，那也会有好几百万或至少也是好几千颗了。在这种情况下，我们或许觉得通过我们的射电望远镜肯定都能收看到外星电视节目，但是，迄今为止，仍一无所获。这也就引出了由物理学家恩里科·费米（Enrico Fermi）提出的著名问题：大家都在哪儿呢？要么就是形成智慧生命所需条件比起初设想的要复杂得多，要么就是地外生命看的都是有线电视。

　　要形成生命，复杂生命，甚或是有先进技术的生命，所需条件很可能比天文位置和轨道半径所能描述的要多得多。换句话说，决定我们温和气候的，绝不仅仅是阳光。

比如说，在我们的太阳系里，地球理所当然被认为是处于环形宜居带中（鉴于所有压倒性经验证据都表明，地球确实有生物栖居）。然而，如果地球的大气层中没有水汽或二氧化碳，就不会出现温室效应，地表很可能就是千里冰封万里雪飘，说起来这种情形在遥远过去的某些时期可能真的存在过（下文我们会详细讨论）。就算在冰层以下还有小块小块的液态水存在，地球能接收到的太阳能也不足以给生命提供动力（如果不是完全接收不到的话，想想冰雪的反射率有多高）。而如果生命只能以别的方式像是火山活动作为能量来源，那么除了合适的轨道，就还要加上火山活动为条件。相反，如果地球全部原始二氧化碳（至少60倍标准大气压，现今基本上都结合到地壳中了）都仍在大气层中，温室效应就很可能会让地球表面全都变成火焰山。虽然前面也提到，在极端酷热或寒冷的温度下也仍有某些微生物能生存乃至繁盛，但它们没有发展到比微生物更复杂的阶段，至少在地球上没有。因此，尽管身处宜居带，假如地球发展成了可能性的两个极端（冰冻或酷热），最多也只算对单细胞微生物而言的宜居。总之，并不是轨道对了，事就成了。那么，宜居性还需要哪些条件呢？这又是一个要花数百万乃至数十亿美元的问题。

*

第六章　气候与宜居性

　　由地质学家彼得·沃德（Peter Ward）和天文学家唐
纳德·布朗利（Donald Brownlee）共同提出的"地球殊异
假说"（Rare Earth hypothesis），尽管富有争议，却在对"费
米悖论"的尝试解答中算得上出色的理论之一。正如它的
名字所示，该理论认为，地球拥有的宜居所需条件是一种
极端殊异的组合，这样的殊异组合使地球可以演化出动物
生命，并进而有了人类。更明确地说，各项最佳条件的恰
当组合极为难得，因此能发射无线电波的地外生命渺如沧
海一粟，我们无法在有限的观测时间里成功探测到。因此，
费米悖论的答案就是，银河系更像是沙漠戈壁，而非香港
巴黎。

　　按照地球殊异模型，我们的行星地球满足了所有通常
所需的天文学条件。具体来说就是，地球身处银河系中恰
当的位置，没有离银河系中心太近，那里密密麻麻的全是
恒星，还有物质掉进超大质量黑洞时发出的强烈辐射；地
球也恰好在合适的时间里成形，这样宇宙才能提供建造生
命所需的基本要素；在我们太阳系里，地球也恰好位于宜
居带上合适的位置，这个位置不仅允许液态水存在，还可
以让水以气态、液态和固态三相共存（三者都是气候系统
的重要部分，下文详述）。在天文条件之外，地球还有板

块运动来保持气候的稳定（关于这点接下来有更多内容）；它还有一颗大卫星来推动两栖动物在潮间带演化，这就是说，由于潮汐会大幅度来回改变海岸线位置，身处潮间带的生物就不得不在水下和空气中都能存活，这个演化随之又促进了生命从海洋向陆地迁移；地球的自转轴还有恰好合适的倾斜角，因此地球上四季分明，有利于生物多样性的出现；此外，地球还经历过数次生物大灭绝，成因包括越地小行星（Earth-crossing asteroids）、大型火山喷发（比如约 2.5 亿年前的二叠纪末生物大灭绝可能就是由于西伯利亚巨大的岩浆流释放出了有毒气体，以及大面积烧光了煤矿层推动全球变暖）、超级大陆的形成（这导致海岸线消失，与此相关的海洋生态系统也就消失）。每一次大灭绝都带来了生态重启，推进了生物多样性和生命演化。

不幸的是，我们迄今所知的地球只有一个，因此我们没有足够的资料来证明，这样一个满足诸多条件的殊异组合，对宜居性来说到底是不是绝对必需的。会不会这些条件中有那么几个就够了？还是得所有条件都满足才成？说到底，我们只有一个数据点，因为我们并不知道还有哪个类地行星拥有板块运动、液态水或是大卫星。假以时日，这种资料欠缺的困境会得到改善，因为通过搜寻其他恒星系的行星，我们已经发现了大量的类地行星。最终我们会知道，这些行星是否具备生命所需的各项条件，尽管这需要高得多的天文分辨率与聪明才智，才能分辨出各种细节（比方说海洋和板块运动）。

我们还不知道，这诸多条件到底是各自独立的（那么要同时发生就真的是旷古难有了），还是彼此相关的（那同时发生便是理所当然了）。比如说，液态水和板块构造活动的出现（以及相关的进程，像是火山活动和超级大陆循环）很可能彼此高度依赖，要这样的话二者的同时发生就不是……嗯……纯属巧合了。简单说就是，也许任何拥有液态水的类地行星也都会同时拥有板块构造活动，只不过我们还不知道罢了。又例如（正如某些批评指出的），地球殊异理论假定，这些条件对我们所知的动物生命形式是必需的，某种意义上这也就是说，这些条件只是针对地球上复杂生命的配方，而不是对随便哪儿的复杂生命都普遍适用。当然了，尽管这是我们唯一知道的配方，但恐怕它不会是能造出点什么来的唯一可能配方，比如一些我们一时还想象不出来的生命形式。总之，我们真是太孤陋寡闻，坐在我们这颗星球的井底，却对自己的太阳系都所知甚少，更遑论断定别的生命形式是什么样子了。

万物起源

无论有没有别的关于宜居性的理论模型，我们确实已经了解了在行星地球上的一些宜居性事实。既然这颗行星在未来的漫漫旅程中都会是我们的家园，来好好考察一番并理解这些事实不无裨益。当我们说到"宜居性"的时候，真正的意思是有稳定的气候来提供液态水，以及对生命所需的基本要素（营养物质）有稳定供应，同时没有巨大灾难每隔几百万年或多久就将我们赶尽杀绝。

对我们的气候而言最重要的成分就是我们接收到的阳光。在任意给定的瞬间，我们的地球都会受到功率大概为 17 亿亿（1.7×10^{17}）瓦的太阳辐射。一个大灯泡的功率是 100 瓦左右，所以这就相当于在地球的一侧，任何时候都有将近 2000 万亿盏大灯泡在同时照明，或者说每平方米的区域有大约 13 盏 100 瓦的灯泡（大多数住宅的房间都是 25 平方米左右，通常由两盏灯泡照明）。太阳辐射大部分以可见光的形式抵达地球，这也是为什么在这个星球上演化出来的我们，看得见这种可见光。阳光中还有大量是紫外线，所以我们得在太阳镜和防晒霜里加上防紫外线的成分，尽管大部分最伤人的紫外线都被平流层的臭氧吸收了，上一章介绍过。还有些阳光位于近红外区域，也就是光谱上十分靠近红色光线的地方。

地球上有的地表吸收这些入射的阳光，有的地表则将阳光反射回太空。海洋颜色很深，就吸收大量的阳光；陆地颜色浅一些，于是反射了一些阳光；类似覆盖了大部分格陵兰岛和南极洲的那种冰层，实际上反射掉了全部的阳光。总的来讲，地球表面吸收了 70% 左右入射的阳光，被反射掉的 30% 则形成了所谓的"地照"效应，这跟"床前明月光"有点像，但可不是"花前月下"的那种。吸收了阳光的地球因此变热，也会将能量以热能的形式辐射出去，相当于红外辐射。如果没有大气层，地表的平均温度仅能达到零下 20 摄氏度左右，这可是远低于冰点温度的苦寒（虽说并非全球同此凉热，有的地方会暖和点，有的地方更冷一些）。好在我们的大气层有两种重要气体，就是水汽跟二氧化碳，它们能吸收向外散发的红外辐射（气体分子通过激活振动吸收了红外光子），因此就像一张大毯子那样留住了热量。尽管在大气层里这两者都不是主要成分（氮气和氧气才是），但它们作为温室气体的效率却很高，形成了十分有效的覆盖层，让我们的地球可以升温到平均温度 15 摄氏度左右。

因此，我们的气候系统对于地球吸收和反射了多少阳光、大气层里有多少温室气体，都十分敏感。于是气候的稳定性和宜居性就高度依赖于这两大因素。实际上，自从太阳开启了聚变进程以来，阳光一直在稳步增强，跟现在相比，最早期的阳光要弱上30%左右。不过我们吸收的阳光也在变化，原因包括冰盖的扩大和缩小（这会改变被反射掉的阳光总量）、地球自转轴（穿过南极点和北极点的轴线）的旋转和摆动、地球公转轨道的波动，以及太阳自身以11年为周期的辐射输出变动。

温室气体含量的波动也非常重要，波动取决于温室气体的效力以及在大气中滞留的时间。水汽因为纯粹的覆盖效应（blanketing effect）而成为最重要的温室气体，不过大气中水汽含量的波动不大，因为大气层与海洋紧密相连，而且平均来讲，大气层里水汽处于饱和状态，不能再容纳更多了。要是大气层变得太干燥，就会通过蒸发地表海洋来吸收水汽；而如果太潮湿，就会通过降水来排除；因此，空气通常都会向饱和状态发展，既不会太干燥也不会太潮湿。所以，就算突然有大量的额外水汽进入大气（比方说由于火山爆发），那绝大部分也都会通过下雨排掉（考虑到大气循环相当快速，多余水汽会在造成任何显著的温室效应之前很久，就已经变成降水了）。地球大气的水汽饱和状态对于保证水文循环的蒸发和降水也至关重要，我们马上会看到，这对地球总体板块构造的温度自动调节是多么关键。再一次拿金星来对比，金星的大气层可能一直很热，所以水汽经常处于不饱和状态，也就是说能容纳更多水汽而不形成降雨；无论是吸收火山活动释放气体，还是蒸干可能存在过的海洋，金星大气里增加的水汽都让大气更热，于是更加不饱和，于是导致更多水分蒸发，让大气进一步变热——如此循环，就形成了所谓失控的温室效应。

甲烷也是一种效力很高的温室气体，但如今在大气中的含量很小（尽管也在稳步增加），虽说在生命诞生之初太阳还没这么灿烂的时候，它的含量可能要比现在大得多。甲烷如今在我们大气中只能存留不到 10 年，这是因为它会跟大气中含量很高的氧气发生剧烈反应（更明确地讲，是跟平流层的氧自由基发生反应），变成温室效应弱一些的气体，也就是二氧化碳和水汽。

二氧化碳作为温室气体的效力强于水汽，但比甲烷要弱一些。然而，考虑到它在地球多处都有现身，它的故事可谓是独一无二。曾几何时，在大气层中有着大量的二氧化碳，不过现在基本都存到地壳里去了，也有一小部分存在海洋和生物圈里（马上就要展开说了）。但是，就算只是这巨大储量的极小部分被释放出来，也要花相当长的时间才能将它从大气中再次清除。因为二氧化碳不会像水汽一样变成降水，也不会像甲烷一样快速反应掉，对二氧化碳而言最快也最有效的沉降方式是溶解在海洋中，但这个方式也缓慢得不行（稍后详述）。所以，二氧化碳会长期逗留、积聚在大气中长达几个世纪甚至更久，并由此大大地影响气候。

地球上有很多重要的自然反馈机制会增强或抑制气候的波动，其中一些与二氧化碳有关。如果一个反馈回路是正向的（正反馈），就会增强气候变化；如果是负反馈，就会令气候稳定。比如，板块构造活动提供了重要的负反馈机制，使气候可以在数亿年的时间里保持稳定。此外，无论天气、季节还是气候如何变化，板块构造活动都会照常进行，也就保证了负反馈一直起作用，无论地表发生什么。实际上，像我这样的地球物理学家很喜欢去烦我们的气候学同人，宣称气候学中最重要的就是板块构造活动。这说不定还是真的。

板块构造反馈又叫构造碳循环或地质碳循环，包含几个步骤：首先，板块构造活动将新矿物从地球内部，也就是从地幔和地壳深处输送到地表。这份工作由火山活动和造山运动完成，板块分裂扩张的洋中脊是火山活动的一个地点，另外在俯冲带和碰撞区域上方，板块俯冲下潜到另一板块之下沉入地幔，被拉入这个区域的陆地则被挤压、折叠堆积起来，导致火山活动和造山运动；这种输送也发生在像是夏威夷那样的海洋热点区域，但在重塑地表的工作中，热点区域起的作用很小。在新矿物被带到地表之后，遭遇雨水也好，坠入江河湖海中也罢，都会与水及二氧化碳一起发生化学反应。具体来讲，二氧化碳溶解在水中（尤其是雨滴中，因为雨滴有很大的表面积），从而形成弱酸（实际上就是碳酸，跟碳酸饮料里的一样），就会与硅酸盐矿物发生化学反应，产生碳酸盐矿物（像是石灰石和大理石）。通过这种方式，二氧化碳就被从大气中抽吸出来，通过水结合到矿物中，储存到岩石里。如果这些反应产生的矿物质就这么留在原地，就会形成薄薄一层碳酸盐地壳，阻碍更深处的矿物发生反应，最终提取二氧化碳的工作就会停下来。好在还有雨雪风霜、江河冰川侵蚀掉这些矿物，与之发生反应并将之冲进海洋。侵蚀有助于把板块运动输送上来的新鲜矿物暴露出来，使之能继续与二氧化碳反应，让提取工作继续进行。

侵蚀过程本身会将地球表面磨成一个平面（让整个地球光滑得像台球一样），这个平面会被海洋盖住，从而不再产生进一步侵蚀，二氧化碳的提取工作也会慢下来甚至完全停止（取决于地球表面究竟在海面以下多深，不过这个问题太复杂，我决定还是绕开它为好）。但板块构造活动可不只是带来新矿物而已，它还会不断建起火山、挤出山脉，让侵蚀循环可以畅通无阻。随着被侵蚀的矿物冲进了河流、湖泊，最终进入海洋，碳酸化反应也一路持续，因为水体中都溶解了大量二氧化碳，从而有了酸性。今天大量的海洋碳酸化反应都是通过生物调节实现的，也就是珊瑚礁和浮游生物（例如有孔虫和颗石藻）生成贝壳的反应，但无论如何，碳酸化都会一直进行下去。也正是因为有不间断的碳酸化反应，早期地球大气里的那些二氧化碳（约有 60 倍标准大气压），绝大部分都变成碳酸盐被束缚在了海底。古代的海底被板块运动推挤、抬升，变成了山脉和陆地。所以，要是没有对二氧化碳的这项地质提取工作，我们的大气层就大致是金星那副模样了。

然而，二氧化碳并不是真的永久储藏在地下。具体来讲，在活动板块下潜沉入地幔时，俯冲带最终将海底碳酸盐也吞进了地幔里。在地幔的高温环境下，这些岩石中的二氧化碳就被烧了一部分出来，轻轻松松溶解在俯冲带上方熔融状态的地幔中（虽说就像第四章介绍过的，地幔的熔化要归因于水，而水也是从下沉的板块里给烧出来的），在火山爆发时又变成气体回到大气。不过也有些碳酸盐熬过了地幔的灼烧，随后很可能被拽到底下，与深处的地幔混合起来。确实，人们认为地幔反正是保存了大量的碳，尽管浓度并不很高。但考虑到地幔的巨大体积，地幔中碳的净含量恐怕要比地壳和海洋中的地表储藏量大得多，只不过目前这还是极富争议的活跃话题。在地幔中有显著含量的碳，最直接的证据就是钻石。钻石是碳的稳定形态，深埋在几百千米以下的地幔中，并且经常会随着岩浆快速上行"入侵"地壳，并留在被地壳困住的岩浆中。入侵产物中最为知名的莫过于金伯利岩，首次发现于南非一个名叫金伯利（Kimberley）的小镇，并因此得名。火山爆发带来的钻石显然并不能对大气中二氧化碳的含量有多大贡献，但除此之外，地幔也在通过位于洋中脊处的别的火山活动释放二氧化碳，以及，较小的程度上，在像夏威夷那样的热点区域。因此，大气中的二氧化碳有来自地球内部的补充，尽管缓慢但还算稳定，也不会全都被风雨侵蚀出去。这样一来，二氧化碳的缓慢供应便足以保证行星地球的温室覆盖层起到保暖作用。

这样的地质碳循环——风雨侵蚀新鲜矿物从而提取出二氧化碳，又由火山活动对二氧化碳进行补充——是一个有显著证据支撑的假说，对气候有至关重要的负反馈作用，而这在我们这个故事里就相当于压轴大戏。(这个仍富有争议的负反馈假说，有时又叫"沃克世界模型"，以詹姆斯·沃克 [James C.G.Walker] 及其同僚的杰出工作而命名，与更为繁复的"BLAG 模型"有异曲同工之妙，后者是我在耶鲁大学的前同事罗伯特·伯纳 [Robert Berner] 等人的心血。)对矿物的风雨侵蚀作用由地表温度通过几种方式决定。首先，温度较高会让更多的水蒸发，水汽上升凝结，变成雨雪降下，带来更多的侵蚀作用(山脉也有助于降水，因为风会将潮湿气团往山坡上吹，在海拔更高的地方水汽更容易凝结)。其次，碳酸化反应也就是风吹雨打带来的反应(新鲜矿物因此变成碳酸盐)在较高温度下进行得更快。因此，如果由于大型火山爆发、森林大火或是对矿物燃料挥霍无度(嗯哼)，过量二氧化碳释放到大气中，因温室效应加热带来的升温就会造成更多降水和侵蚀，对矿物的冲刷也加快了，这些全都会将二氧化碳提取出去，于是含量回落。(但这种提取耗时数百万年，因此并不能将人类从挥霍无度的生活中解救出来，除非我们能想出办法让这个过程快马加鞭。）同样，要是二氧化碳水平陡然下降，这在很遥远的过去可能发生过（详见下文），缺乏温室效应加热就会让气温下降，进而限制蒸发、降雨、风雨侵蚀，这就会阻碍二氧化碳提取工作，使它的含量水平不至于降到更低；同时火山活动还在缓慢释放二氧化碳，提升其含量。这样一来，板块构造活动保证了二氧化碳水平和气温都既不会太高也不会太低，至少从相当长的时间尺度（几百万年乃至几千万年）来看是这样。总之，构造旋回使气候在长达几亿年的相当长时间内都能保持相对稳定。不过我们说的"稳定"，意思是不会有幅度高达好几十摄氏度的变化，但地球仍然有可能深陷冰期，或者跌入全球结不出一块冰的酷热。

气候波动如果为适中，生命和复杂生命还能演化、存活，但要是有灾难性的波动，生命就在劫难逃了。比如说，失控的温室效应会释放出几乎全部可获取的二氧化碳，蒸干绝大部分海洋，把地球变成真正的地狱，就像金星一样。还好，板块构造活动有效抑制了气候的大型剧烈波动。

在循环的板块构造之外，海洋、大气圈和冰雪覆盖层也对气候变化有强烈的正反馈作用。这些反馈之所以是正向的，是因为它们增强而非抑制了我们接收到的太阳能量的细微变化。这些变化的原因是太阳辐射波动，以及名为"米兰科维奇循环"的地球公转与自转的小变动。

米兰科维奇循环是由 20 世纪早期塞尔维亚人米卢廷·米兰科维奇（Milutin Milankovic）提出的，他既是天体物理学家，也是地球物理学家。他认为地球自转和公转的变化会导致我们观测到的冰川循环，周期达数万年。米兰科维奇循环描述了三个基本的循环。周期最短的是由地球自转轴的变动引发，自转轴会像陀螺一样慢慢转动，每转动一整圈要花 26000 年，这个过程叫"进动"。进动会使季节发生改变，因此再过 13000 年，1 月份在北半球会变成夏天。第二个循环描述的是地球自转轴倾角的摆动，周期是 40000 年。摆动的两个端点，一个是比现今状态稍稍更直立一些（也就是更垂直于太阳系盘面），另一个则是比现今状态再倾斜一点，目前的倾角处于两个端点之间。这一摆动会改变"季节之间的变化"（seasonal variation），地球倾斜得越厉害，就会让冬天越冷，夏天越热。最后一个循环是地球的公转轨道会在更接近正圆和更扁一点的椭圆之间来回变动，大致以 10 万年为周期。这个循环造成了地球在轨道上跟太阳距离的各种变动。这些循环的结合，再加上地球南北两个半球之间的不对称（要归因于陆地和海洋作为不同的覆盖面，对阳光的吸收量不相同），就导致了地球吸收光照量的变动，这些变动分别大致以 2 万年、4 万年和 10 万年为周期。这些循环已经得到了确证，证据就是深海沉积物中的气候记录。

米兰科维奇循环导致的地球接收光照变化，实际上很微弱，很难察觉。不过，海洋和大气圈的正反馈放大了这些变化，使它足以启动周期达数万年甚至数十万年的冰期循环（冰期—间冰期旋回）。这样一来，当板块构造活动在尽力安抚气候中的大波动时，海洋和冰帽却在大吹大擂，虚张声势，就像演技糟糕的演员或是科学记者一样（有那么点开玩笑了）。

海洋中能溶解的二氧化碳量决定了一种重要的正反馈机制。这个溶解量极大，比今天大气中的二氧化碳含量要大得多，但比束缚在地壳中的碳酸盐含量又小得多。无论如何，温暖的海水溶解二氧化碳的能力比起冰冷的海水逊色不少，由此产生了一些重要后果。

想象一下，如果在海洋和大气层中的二氧化碳浓度彼此平衡，那么谁都不会损人利己来增减自己的浓度。而如果在某个米兰科维奇循环期间平均地表温度上升，海洋升温导致自身溶解二氧化碳的能力下降，一些二氧化碳就会被释放到大气中。额外添加到大气中的二氧化碳带来更多温室效应，也会令海洋进一步升温，进而又释放出更多二氧化碳，每况愈下；同样，如果在某个冰期循环中温度下降了，变冷的海洋会吞下更多二氧化碳，造成进一步降温。总之就是，海洋的回应是一种正反馈，气候变化因此增强。海洋回应起来慢条斯理，这是因为需要成百上千年海洋里的水才能充分混合（前一章已提及）。不过，比起米兰科维奇循环带来的变化速度，海洋可以说是相当快的了。

既然我们已经说到了海洋对于变暖的回应，最好也关注一下海洋对于来自二氧化碳的压力的反应，也就是，海洋对于从别的储藏地（诸如火山爆发、生物质或是化学燃料的燃烧）中释放出二氧化碳的反应。跟上面一样，如果海洋和大气中的二氧化碳浓度互相平衡，但接着有过量二氧化碳倾泻到了大气中，海洋就会溶解其中的一部分，且基本通过高纬度地区下降流的冰冷海水，将这部分二氧化碳带到海洋深处。这个进程同样十分缓慢，因为海洋循环实在太慢了。也正因如此，过量二氧化碳实际上会在大气中滞留好几个世纪。此外，大气中多出来的二氧化碳最终会令海洋升温，火上浇油般从海洋里驱出更多二氧化碳，最终这些二氧化碳会在大气中存留更久，富集起来。(生物区系——就是花草树木——也会通过光合作用提取二氧化碳。但生物体的死亡和降解又在释放二氧化碳。所以只有全球生物总量有所增长，或是死亡的生物体深埋地下以免腐烂时——变成了矿物燃料——对二氧化碳的生物提取才有净效应。然而很明显，砍伐森林和燃烧矿物燃料会抵消这个净效应。)

另一个重要的正反馈来自南极和北极地区的冰帽。冰雪覆盖层将阳光反射回太空，因此限制了地球吸收的太阳能总量。但如果气温较高，冰雪融化，反射掉的阳光较少，地球表面就会进一步变暖，促使更多冰雪融化，如是循环。同样，要是气温下降了，冰雪覆盖层就会增长，反射掉更多阳光，造成进一步降温，形成更多冰雪，如是往复。

陆地冰雪的融化，像是冰川以及目前覆盖格陵兰岛和南极洲大陆的冰帽，也会造成海平面的变化。在今天地球迅速升温的气候中，这个变化极为显著，通过低地岛屿的消失就可以明显看出（例如印度洋里的马尔代夫群岛）。漂在海里的冰山融化不会产生这样的效应，这是因为这些水原本已经在海里了，尽管水域温度的净变化还是会因为热胀冷缩造成海平面的小幅变化。举一个极端的例子：如果格陵兰岛和南极洲的冰帽全都融化，海平面会因此上升大约 70 米，这意味着世界上绝大部分沿海城市都会轻轻松松被淹没。冰的消融还可能通过影响火山释放气体从而对气候产生正反馈作用。具体来讲，从火山上除去冰川的重量，减轻了对底下岩浆的压力，岩浆就会咕咕冒泡（就像打开汽水瓶盖那样），随之爆发。因此，增温和冰川消失可能会使火山释放出更多二氧化碳，带来更大增温，如是循环。不过，这还是一个新出炉的理论，由哈佛大学地球科学家彼得·辉伯斯（Peter Huybers）及查尔斯·朗缪尔（Charles Langmuir）共同提出，目前仍有较多争议。

　　来自海洋（及它溶解的二氧化碳）与冰帽的正反馈，增强了气候中无论是加热还是冷却的任何细微波动。如果某个米兰科维奇循环导致地球多吸收了一点额外的阳光，这些正反馈会使气候变得比单单只是得到这点阳光要热得多。同样，如果米兰科维奇循环带来冷却，正反馈会令气候系统变得冷过头。这样的过度反应经年累月，得花许多年甚至许多世纪才能奏效，但对持续几万年甚或更久的米兰科维奇循环来说，这已经足够快，足够放大这种循环了。以这种方式，我们的气候有了大起大落的波动，形成了 2

万年到 10 万年的冰期循环。最近一次的冰期，结束于大约 12000 年前，并开启了人类文明的黎明。

从深陷冰期到全球皆是热带，地球上的气候有过万千变化，我无法一一详述，但我们可以了解其中一些精彩片段。第一个就是，有证据表明在不到 10 亿年前，也就是多细胞生物出现之前，地球至少有一次整个都被冰川覆盖，即被冰雪层层包裹起来，这叫作"雪球事件"。在低纬度热带地区（比如非洲西南部纳米比亚的古地质矿床中）发现了来自这一时期的岩石，就是被当时扩散的冰川携带去的。类似事件后来再没发生过，可能因为只有在那会儿才有恰好合适（或落井下石，就看你的立场了）的各种反馈的结合，使得气温一泻千里，掉进全球冰冻事件中。

有一个假说完美解释了上述我们说到的所有状况，就是认为，地球有过一个重要的超级大陆，地球科学家称之为罗迪尼亚大陆（Rodinia）。跟另一个众所周知的超级大陆"盘古"不大一样的是，罗迪尼亚大陆以赤道为中心。当这块大陆解体时，它从裂缝中创造了更多的岩浆和新鲜矿物（正如今天的东非大裂谷），在热带分裂成了几块更小的大陆，更多暴露在了潮湿的海岸环境中。热带比别的

地方有更充裕的阳光，因此地球上的水分蒸发及降雨，绝
大部分都发生在这里。这对于新分裂出来的后罗迪尼亚大
陆来说，就意味着狂风暴雨、剧烈侵蚀、大气中的二氧化
碳被过量提取。尽管这通常也应该带来降温，并因此使降
雨受限，但热带的气温可不会有那么大的变化。因此有限
的降温并不能改变热带大陆暴露在大量降雨当中的情形。
当降温继续进行，冰帽增长，就会通过反射更多阳光来增
强冷却效应。通常来讲，如果大陆位于纬度较高的地区，
就像它们如今这样，那冰盖就会遮盖大陆，使之免受风雨
侵蚀，也会对二氧化碳提取加以限制，从而缓解冷却效应。
但当大陆位于热带地区，冰盖就主要在海里，无法保护大
陆。总之，冰面扩张、风雨侵蚀岩石，基本上都在无拘无
束地进行，一直到南北两个半球的冰帽增长到非常大，反
射了非常多的阳光，于是再也没有什么能阻碍冰帽增长。
最后两个冰帽在赤道几乎（或是完全）合二为一，把行星
地球整个包在冰里达几千万年。

　　幸好，海洋底下还保有小块小块的液态水，生命有赖
于此躲过了这场灾难。而最终，地球也从这一事件中恢复
了元气，这（当然）是因为板块构造活动亦步亦趋赶了上
来。简单来讲，全球冰盖和冰点气温阻断了风雨对岩石的

侵蚀,使二氧化碳不再被进一步提取;相反地,在俯冲带(比如火山弧)以及洋中脊持续进行的火山活动会释放二氧化碳,使温室气体水平复原。越积越多的火山灰很可能也有助于把冰面搞得脏兮兮,这样冰面的反射率就降低了。最终,地表又暖和起来,地球这颗行星逃离了冰冻状态。最近一次雪球事件刚好结束于多细胞生命诞生之前,也就是大约 6 亿年前,这可能是一项助力,触发了复杂生命的兴旺繁盛,也就是寒武纪生命大爆发。

地球同样也有过几次重大的升温事件,使整个星球都酷热难耐,冰盖完全消失,甚至北极圈内都一片热带风情,在那儿已经发现了棕榈树和史前鳄鱼的化石。最令人瞩目的一次升温事件发生在大约五六千万年前那个名为"始新世"的年代里,按地质学标准,就是在恐龙被尤卡坦半岛的小行星撞击事件一扫而空之后没多久。恐龙就是生活在气候十分温暖的年代,只是没有始新世那么暖和。始新世的大气中二氧化碳水平很高,这些二氧化碳很可能是北大西洋的大陆解体、撕裂时,从今天的巴芬湾喷涌而出的大量岩浆正好遇上了海底富含碳酸盐的沉积物,于是灼烧、释放出来的。始新世也标记了几次剧烈的超级增温事件,叫作"过热事件"(hyperthermal),其中一次极为引人注目,学名"古新世—始新世极热事件"（PETM），达到了记录在案的温度极值。（当然，这里的"记录"，并不是真的指有人在彼时彼地测量温度和二氧化碳水平，而是指这些数据可以间接测量到，因为温度会影响海洋和有机体吸收氧及碳的同位素的方式，而这些同位素含量水平，实际上就是某给定元素不同同位素的数量之比，记录在了岩石和化石里。这样一来，测量这些同位素也就相当于测量温度、二氧化碳水平等。）

古新世—始新世极热事件极为短暂，可能的诱因是海底释放的甲烷。即便今天，海底的微生物也还在大量生产甲烷，并冰封在一种名为"笼合物"的冰里。火山活动释放的二氧化碳（通过灼烧沉积物）带来的升温也会加热海水，如果热到能融化笼合物，便会释放出冰封着的甲烷。甲烷是温室效应极强的气体，会使气候和海洋都进一步升温，于是更多笼合物融化，如是往复，进入强烈的温室效应正反馈。然而，由于大气中氧的含量很高，甲烷会在不到 10 年里就分解掉，被相当快地从大气里清除出去（实际上是变成了水汽和二氧化碳，这二者的温室效应要弱一些）。甲烷的这些特性，可能就是为何这一极热事件如此剧烈又如此短暂的原因。

*

第六章　气候与宜居性

从始新世以来的最近 5000 万年，地球经历了持续的降温。始新世的澳大利亚和南极洲还连成一片，海岸线朝北向着赤道凸出，伸进温暖的海域。紧贴海岸线的洋流因此会将温暖的海水从温和的气候带向南输送到南极洲的极地，使南极洲保持温暖，不会结冰。但后来澳大利亚从南极洲解体了，朝北向着亚洲移动。南极洲的海岸洋流于是被困于冰冷的极地海域中，就跟今天一样，这叫作"绕极流"，不再有更暖的海水被输送而来。这在南极洲造成了大幅降温，冰帽开始增长，引发更多降温，推动更多冰层成形，如是往复。

澳大利亚次大陆向北移动是板块构造活动的一部分，同一个板块构造活动也使印度板块与亚洲板块相碰撞，喜马拉雅山脉因而隆起。这座巨型山脉的出现，很可能也让大量的风雨侵蚀及对二氧化碳的清除在此发生，这就是雷默—拉迪曼假说，以美国古气候学家莫林·雷默（Maureen Raymo）及威廉·拉迪曼（William Ruddiman）的名字共同命名。山脉通常能引发降水，因为潮湿气流会被吹向山坡上海拔较高、气温较低的地方。此外，夏季时大陆增温，会在陆地上形成对流性的上升气流，于是海洋上的潮湿气团就被吸过去填空，这样就在陆地上形成了降雨降雪，以上现象称为季风环流。总之，新近隆起的喜马拉雅山脉引发了更多降水，带来了更多风雨侵蚀，因此对二氧化碳的提取力度更大，由此放大了长期的降温趋势。

不过在这 5000 万年的降温中，南极洲在大概 3000 万年前又一次失去了冰盖，要到再过 1500 万年的中新世时才失而复得。从中新世开始，地球有了冰帽，近几百万年的气候史细节也更容易弄清，因为有更多的气温"指标"可以测量，这些指标就在冰芯、树木年轮、洞穴沉积物等等之中。这些告诉我们，在最近这几百万年里，反复出现过数次短暂的冰期（也就是冰川事件），分别持续数万年至数十万年不等，这些周期与前面说到的米兰科维奇循环完美贴合。

最近一次主要的冰期发生在更新世，其间气温虽也有过短暂起伏，总体上还是从大约 260 万年前一直持续到了约 12000 年前，也就是人类文明的肇始时刻。但就算从大约 700 万年前人类出现（晚点我们再来细说这个）算起，地球已经一直有强烈的降温趋势，实质上就是处于冰期，因此在人类存在的所有时间里都有冰帽相伴。简而言之，我们是冰期的产物，没有演化成可以在始新世那样的环境里生存的物种。很大程度上，这也是为什么格陵兰岛和南极洲的冰帽消失对于我们是祸从天降：就算不去考虑由此带来的海平面剧烈变动，我们也会发现自己将身陷整个人类物种从未经历过也从未想要适应的地球环境之中。

　　人类自己造成的气候变化已经将自己推向了错综复杂的危急关头，因此对我们来说，稳定气候和宜居性的成因，以及气候变动的机制，都是相当重要的经验教训。人类活动排放的二氧化碳来自矿物燃料的燃烧，这些二氧化碳带来的温室增温效应不难察觉，而且早在一百多年前就已经由瑞典物理学家兼化学家（同时也是诺贝尔奖得主的）斯万特·阿累尼乌斯（Svante Arrhenius）做出了准确预测。而大气二氧化碳水平一直在以反常速率稳步增长这一事实，也已经由美国地球化学家查理斯·基林（Charles Keeling）的观测数据确认——这些数据收集于夏威夷冒纳罗亚（Mauna Loa）火山顶，收集了近 60 年。面对这些二氧化碳排放，气候具体会如何变暖，细节还颇有争议，但变暖这个大趋势则明显确切无疑。

　　但是，究竟是我们当前的二氧化碳排放引发了气候变化，还是气候无论如何都会自己发生变化（这样的话人类活动就没有什么影响了），这个问题曾经（某种程度上现在仍然）富有争议。地球气候自己也发生过变化，但通常都在二氧化碳水平发生变化的时候。当大量而且通常稳定的碳储量被燃烧或突然解放出来，比方说火山爆发，我们的气候也会有强烈的响应；因此，如果我们从别的仓库里释放出大量二氧化碳，却认为地球气候会给出不同的反应，这想法显然一点道理也没有。较之气候变化的自然原因，我们人类的活动是否会有什么不同，提出这种问题就好比是问，在枪战中玩俄罗斯轮盘赌（在左轮手枪中放一枚子弹，随意转动左轮，对准自己的太阳穴开枪）是否会影响你的生存机会。如果目标是活下来，那答案就是，别去玩俄罗斯轮盘赌。

　　但最后我得提醒大家，探讨人类活动导致的气候变化，不是为了拯救行星地球，而是为了拯救我们自己，也就是说，让这个狭窄的宜居带对我们人类以及其他一些冰期产物保持宜居状态。无论我们人类多么自暴自弃，地球自身在未来数百万年里都会处之泰然。板块构造活动最终将清除我们废弃的全部二氧化碳，万事万物也都会回到原来的轨道。我们等不了那么久，但地球可不管这些。

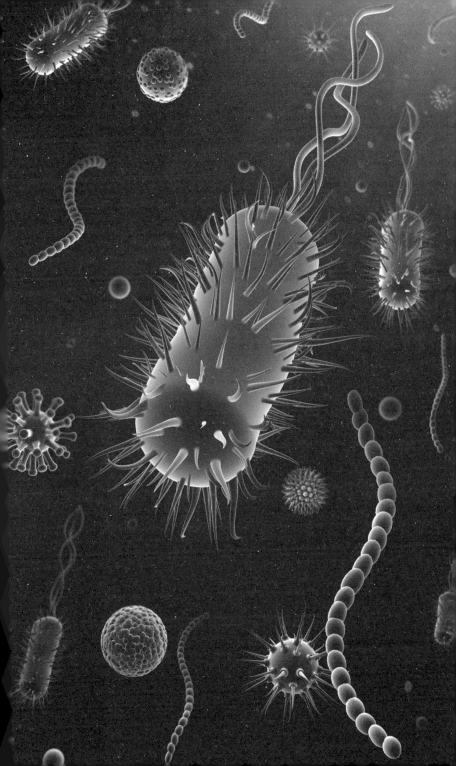

第七章　生命

生命如何起源，这个问题是自然科学的一樽圣杯，也是巨大的未解之谜之一。如果不那么诗情画意，那这个问题更恰当的说法就是：从生命的非生物起源——无机物、无生命物质——出发，怎样才能形成生命？

在尝试精确描述生命的诞生之前，我们必须先对生命下个定义，这样才知道我们要探寻的究竟是什么。（虽说生命的迹象凭直觉来说再明显不过——在此引用美国最高法院大法官波特·斯图尔特的名言"看到我就知道了"[I know it when I see it]——但从科学的角度来讲真的并非如此。）在最简单的意义上，生命就是一种化学反应，能直接或间接地从周边环境中提取物质和能量，从而生长、繁殖和自我复制。这个反应被称作自催化（autocatalytic），在这过程中，反应的产物可以反过来促进甚至加速反应的进行。比如，在光合作用中，植物利用来自阳光的能量，将水和二氧化碳结合，制造出长长的糖分子；而植物本身大部分由这种糖分子以纤维素的形态组成，所以越多糖分子的形成就能支持越多的光合作用。另外，需氧细胞（也就是进行有氧呼吸的细胞），以及像人类这样的动物，会食用植物或以植物为食的其他生物，吸收物质，并利用这些植物储存的光能，生长出更多细胞，进而吃下更多植物。通过自身的再生和繁殖，生命积极地向外扩张，寻求物质和能量的来源。

生命的有些特征也适用于若干非生物的化学反应，比如说，火焰。如同需氧生物，火焰也消耗物质和能量，但与光合作用恰恰相反，火焰的产物是水和二氧化碳；如同生命，火焰也会向外扩张去消耗燃料（比如木头和草），并且通过加热燃料使其燃烧，来实现自我催化。

不过，另两个对生命的定义，就把它跟火焰区分开来了：首先，生命的反应并不只是消耗物质，还会生成复杂分子，并以此为模板催化出更多这样的复杂分子，由此实现复制。这样的复制也并非只是促使反应加速，它还使先前分子中的信息可以遗传下来。相比之下，火焰并不会复制复杂分子，而只生成简单的分子，就是水和二氧化碳；其次，生命靠自然选择进行演化——如果环境变得不适合

第七章　生命

维持化学反应，那么只要环境变化不是太快，生命就有可能做出调整。但这种调整依赖于生物对上一代进行的不完美复制，就是说，当新一代生物体诞生后，它们会产生一些变化，而不是对上一代的精确克隆。这样一来，生物群组或者说物种，就会有相当大的多样性，从而其中部分成员就会对环境的不利变化更为适应，并能够生存下来，而那些不能适应的生物就只好相继死去。这就是达尔文自然选择理论的实质。火焰就不能做出这种调整，如果环境变得太冷或太湿，它只会熄灭，并不存在一个优胜劣汰的选择过程，把更容易在寒冷或潮湿环境下燃烧的火焰保存下来，同时让其他火焰相继消亡。简而言之我们可以说，生命是一种自我维持、消耗能量的化学反应，它的产物分子可以自我催化或自我复制，但在产物中有相当大的多样性，这样当环境（以足够缓慢的速度）恶化时，就会发生由自然选择造成的物种演化。好吧，这也不是多么简短的说法。

这颗行星上所有的生命都由细胞组成，维持生命的化学反应都在细胞这一密封舱中进行。密封舱由一种稍具渗透性的薄膜封闭起来，它允许营养物质和能源入内，同时也保护化学反应，使之不会被比如海浪撞击这样的事情干扰而减弱或扑灭。最早的这种密封舱甚至有可能利用过火山石（比如浮石）里面的气泡来保护化学反应。有些非细胞的实体（比如病毒），就是包裹在保护鞘中自由漂浮的遗传物质，具备生命的某些特征，比如自然选择，但它不能进行自我复制，除非劫持其他生物的细胞工厂。因此，非细胞实体到底算不算生命，还是一个见仁见智的问题。

可确证的最早的生物化石来自大约35亿年前的单细胞微生物（类似细菌）。更早的生命兴许也曾有过，但在化石证据上还存在争议。尽管今日的生命形式如此异彩纷呈，构造生命的基本化学组分在将近40亿年的时间长河里却几乎没有变动。实际上，我们只需要一个巴掌数得过来的基本元素就够形成生命的关键组分了。

生命最必不可少的基本元素是碳、氢、氧，这些无一例外是从无处不在的水和大气层里的二氧化碳中获得的。这些元素之所以不可或缺，不仅因为它们制造出来的各式糖类分子是植物结构的形成、需氧生物获得能量来源的必需，也因为这些糖类分子同时也构成了遗传物质的部分骨架。遗传物质包括RNA（核糖核酸）和DNA（脱氧核糖核酸），是生物的复杂分子进行自我复制时的蓝图。此外，当糖类分子被"还原"，也就是氧元素被移除时（所谓还原反应，一般是指获得电子，而这电子通常获得于氧原子形成含氧化合物的过程），留下的就是脂肪酸形式的碳氢化合物。脂肪酸可以组成其他物质，比如细胞膜和脂肪细胞中的脂质，而脂肪细胞中储藏的油脂是紧凑形式的能量。碳和氧在其他重要分子中也被大量使用，我们马上就会谈到。

下一个重要元素是氮，主要以酰胺离子的形式存在。酰胺离子含有 1 个氮原子、2 个氢原子，以及 1 个富余的电子，自带 1 个单位的负电荷，可以用于吸附别的原子或原子团，变成胺分子。酰胺离子归根结底是从氨分子衍生出来的，氨分子由 1 个氮原子、3 个氢原子组成，砍掉 1 个氢就变成了酰胺离子。酰胺离子吸附到别的碳氢氧分子上（羧基化合物而不是糖类分子），可以形成胺分子，就叫氨基酸，这是形成蛋白质所需的基本构件。蛋白质的用途复杂多变，能组成从酶到肌肉等各式各样的原料，因此很是重要。酶是加速（即催化）化学反应的关键，比如让食物中的分子分解这样的事，酶可以使它快速进行，以维持生命活动。此外，只要有一点电刺激或化学刺激，蛋白质就会折叠、卷曲成各种形状，这对于运动能力大有好处——比如挥动的鞭毛可以帮助细菌游动，比如我们身上的肌肉——为了搜寻食物和能量的来源，这点运动能力可以跋山涉水。

氮元素也会与碳、氢、氧结合，形成名为"核碱基"（简称碱基）的化合物，这是 DNA 和 RNA 的关键组分。核碱基包括腺嘌呤、鸟嘌呤、胞嘧啶（三者同时存在于 DNA 和 RNA 中）、胸腺嘧啶（只在 DNA 里才有）以及

腺嘌呤
胸腺嘧啶
胞嘧啶
鸟嘌呤

糖—磷酸骨架

脱氧核糖核酸（DNA）分子是由核苷酸堆叠起来形成的。核苷酸则由一个糖—磷酸基团附着一个核碱基而成。核碱基可以是腺嘌呤、鸟嘌呤、胸腺嘧啶或胞嘧啶中的任意一种。DNA 的形状就像一架螺旋阶梯，其中碱基构成梯子的横档，糖—磷酸基团连成一体构成梯子的侧边。碱基序列储存遗传信息和细胞指令，在整个梯子中碱基都按照指令以特殊的组合彼此连接，这就使 DNA 分子可以在一分为二之后一丝不苟地自我复制。（图片由 Barbara Schoeberl 授权使用。）

尿嘧啶（只在 RNA 里才有），在 DNA 和 RNA 的示意图中，这些核碱基分别用 A（腺嘌呤）、C（胞嘧啶）、G（鸟嘌呤）、T（胸腺嘧啶）和 / 或 U（尿嘧啶）来表示，共同构成 DNA 和 RNA 螺旋阶梯的横档（RNA 看起来就像是梯子纵向切开后的一半）。

最后要说的重要元素是磷，在生物体中只以磷酸基团的形式出现，也就是 1 个磷原子与 4 个氧原子结合成的原子团。磷酸基团再结合 1 个糖分子以及某种碱基，可以形成名为"核苷酸"的化合物。将核苷酸叠起来，就造出了半个或整个的螺旋阶梯——RNA 和 DNA。

具体来讲，每个核苷酸分子中的糖加磷酸基团的部分像脊椎骨一样叠起来，也就是一个核苷酸分子的糖一端与下一个核苷酸分子的磷酸基团一端相连，这样就形成了核糖（给 RNA）或脱氧核糖（给 DNA）的骨架，也就是梯子的侧边，同时碱基互相连接成为梯子的横档。（所以 RNA 代表核糖核酸而 DNA 代表脱氧核糖核酸，知道为什么了吧。）碱基也可以构成储存和携带能量的分子，比如三磷酸腺苷（ATP）在细胞机器中就是一种黄金能量通货，它含有 3 个磷酸基团，因此极为活泼。磷酸基团和氮也会与脂肪酸结合，在细胞膜上形成磷脂。

DNA 和 RNA 中的碱基,彼此通过化学键相连,但只能通过特殊的互补方式。例如要完成 DNA 梯子的一级,A 碱基只能与 T 相连,而 C 只能与 G 相连。因此,DNA 梯子上完整的一级横档,就会是 A 在其中一侧,而 T 在另外一侧,以此类推。细胞复制时,DNA 沿纵向一分为二,碱基就像折断的横档一样旁逸斜出,吸引着那些在细胞质里零零散散漂浮着的与它们互补的碱基。这样一来,每半边梯子都能重构出自己的另一半,DNA 就能自我复制了。正是这个特性使 DNA 成了自身复制品的模板,一个能进行自我复制的分子,这也是所有生命的核心特征(至少就我们目前知道的生命来说)。DNA 还为自我复制和运行中的细胞机器储存了遗传信息,这个信息已经作为编码写进了梯子横档的碱基对序列中。除了自我复制,DNA 还能将自己分出的一条边里的部分片段转录成 RNA(同样根据碱基配对原则),随后将这些 RNA 分派出去跑腿办差,比如将氨基酸组织起来形成特殊的蛋白质,以便执行不同的任务。

总之,生命从根本上讲由四种基本化合物组成(水除外),这就是糖、脂肪酸、氨基酸和核苷酸,而这些化合物仅仅靠五种元素就能创造出来,它们是氢、碳、氧、氮、磷。氢元素基本全部产生于大爆炸，其余四种元素则由恒星内部工厂制造。针对不同的生物体，另有一些含量较少的元素也参与到了生命的大派对里。比如说，我们血液中的铁会携带氧气，而氧可用于糖的转化，来满足我们对能量的需求；但仅由五种元素构成的这四种基本化合物，是所有生命普遍共有的，而要从零开始制造出我们所知道的地球生命，我们就必须先有这些基本要素。

为了从无生命的物质中创造出生命所需要的要素，科学家进行了无数尝试，其中最著名的之一是在 20 世纪 50 年代进行的一系列实验。实验由芝加哥大学化学系研究生斯坦利·米勒（Stanley Miller）和他杰出的导师哈罗德·尤里（Harold Urey）共同完成。在此之前，尤里就已经因为别的诸多成就而颇负盛名，其中包括发现氘（氢的一种同位素），凭此他摘得 1934 年诺贝尔化学奖。

米勒制造出一种混合物，含有氢及其化合物，比如水、甲烷和氨，米勒认为这可以代表地球的原始大气；接下来他把调配出来的混合物暴露在高温和电击中，让它基本变为蒸汽；几天之后，烧瓶里有了一些氨基酸。然而，实验气体实际上更像是典型的前太阳星云，我们可以在外太阳系的木星、土星及它们的部分卫星上找到相似的成分。对内太阳系来说，这样的气体组成很可能早在内太阳系形成之时就被蒸发和刮走了，地球最早的大气层可能是由火山排出的二氧化碳和水汽所主宰，因此与米勒—尤里的实验设置毫无相似之处。尽管如此，开创性的米勒—尤里实验还是揭示出，少数化合物之间的简单反应能生成至少一种生命必不可少的基本要素。这项工作也为后来数十年的相关实验铺平了道路，那些实验都模拟了原始大气和海洋环境下的"前生命原汤"（prebiotic soup）并添加刺激，来寻找形成生命基本要素的方法。实际上，氨基酸甚至能在太空环境中形成，默奇森陨石上（这是一颗来自小行星带的碳质球粒陨石）就发现了好几种氨基酸，虽然跟地球上的不尽相同。到底是不是陨石带着氨基酸在地球上播下了生命的种子？这个问题尚属未知，说不定也无关紧要，因为氨基酸能在各种各样的环境中形成，而且生命所需的其他基本要素也还得生产出来。

在米勒—尤里实验后不久，西班牙生物化学家琼·奥罗（Joan Oró）不仅造出了氨基酸，也造出了碱基——回想一下，这就是 DNA 和 RNA 梯子的横挡呀。要形成完整的核苷酸（叠起来就变成完整的 RNA 和 DNA 分子了）

则被证明更难，直到最近才有所改观。过去 10 年里，在合成生命的几种基本要素——脂质、氨基酸、核苷酸（原料是科学家认为存在于早期地球的化合物）——方面已经有了相当大的进展，尤其是由剑桥大学化学家约翰·萨瑟兰（John D. Sutherland）领导的研究。最简单的细胞可能就是把 DNA 链和营养物质一起包在脂肪酸或是脂质气泡或薄膜中，形成细胞壁；而最近多种实验（由哈佛大学生物化学家杰克·绍斯塔克［Jack W. Szostak］主导）也确实发现，合适的脂质能自发形成气泡，将核酸容纳其中，形成像是原始细胞的某种东西。就这样，从 60 年前的米勒—尤里实验开始，研究者已经向接近"自发的"生物细胞形成，往前走了一大步。

在我们的行星上，最早的生命形成于何时何地？尽管最古老的微生物化石有大约 35 亿年那么老，生命仍可能还有别的更年长的祖先，可能经历了数百万年错误的开端及变异。甚至就算说最早的生命建立在更为简单的 RNA 分子而非 DNA 分子上，以 RNA 分子作为生物复制的骨架，也不是没可能。在如今的生物细胞里，RNA 只是为 DNA 跑腿办差的伙计，比如制造特殊的蛋白质，但耶鲁大学生物化学家西德尼·奥尔特曼（Sidney Altman）和科罗拉多大学的托马斯·切赫（Thomas Cech）却证明 RNA 能够催化或自我复制，这一发现让他们共同斩获了诺贝尔奖桂冠，也为所谓的 RNA 世界假说提供了关键证据。这个假说认为最早的生命基于 RNA 更为简单的复制方式，那是今天DNA 进行的那套更复杂的繁殖方式的前身。

跟米勒和尤里一样，达尔文也认为生命出现在地球表面"前生命原汤"（primodial soup）的池子中，里面有能自行产生生命的基本成分，随后生命通过光合作用吸收来自太阳的能量。（被确证为最早的生命体的，确实是一种光合微生物。）但是，如果生命早在 35 亿年前就已经以这种方式形成，就一定经历过一番极为艰辛的尝试。因为那时地球表面环境对生命体充满恶意：地表很可能因为大气圈中的二氧化碳而仍然酷热难耐，地球内部很可能仍有剧烈的火山活动，而且极有可能那时曾多次发生小行星撞击地球，尤其是在大约 42 亿年到 38 亿年前的晚期大轰击期间。所以，对早期娇弱的生命形式来说，地球表面不大可能是一个热情好客的地方。

加拉帕戈斯群岛的洋中脊是地球上两个大型地质板块扩张的地方，20 世纪 70 年代后期，俄勒冈州立大学地质

第七章　生命

学家杰克·科利斯（Jack Corliss）和同事们利用深海潜艇阿尔文号（Alvin）在这里发现了遍布着生命的热泉和烟囱，尽管处海底之深，暗无天日。这些热泉周围的海水温度极高，超过海平面的沸点，但因为深海压力的存在所以不至于沸腾。这些热水在火山脊里循环，携带着矿物质以及溶解于水中的二氧化碳、氢气和硫化氢等火山气体，升腾而起成为热流柱。在这些滚烫的水中，发现了一种名为"古菌"（archaea）的微生物有机体，与细菌略为相似。这种特殊的古菌是嗜热生物，也就是说它们喜欢热水。热泉周围还发现了更大型生物的完整生态系统，古菌和细菌在这环境中繁衍生息、积蓄营养，更大的生物则以它们为食。比如说管虫，从细菌那里获得能量和营养物质，而细菌反过来则是由化学合成提供能量（考虑到这里缺乏阳光，当然也就不会是光合作用了）。在化学合成中，从热泉喷出来的硫化氢被用于制造有机碳，方法是将碳原子从二氧化碳分子中剥离出来。这个发现表明，生命与我们最爱的能源——太阳——相隔甚远也照样能茁壮成长，利用来自地幔和地壳的热能、化学元素生存下来。这还说明最早的生命有可能是在海底形成的，受海洋保护就不用遭到恶劣的地表环境侵害，依赖微薄但还可靠的地幔能源存活。同样，这也意味着生命有可能会在木卫二那样的行星上形成，尽管并非身处距离恒星合适、允许液态水存在的轨道上，但是星球上的火山能源会提供支持，只要够它维持液态水就行了。

在这些热泉第一次发现的古菌，随后又在很多别的环境中被发现，包括一些想不到的地方，像是温泉、酸池、盐滩、极地冰甚至我们自己的肠子里。古菌一开始会被当作细菌是因为，它跟细菌一样是由脂质气泡包裹着一些简单的DNA链而构成的。但后来人们发现，比起相似之处来，二者之间的差异更多，比如各自的RNA分子、能量利用方式（即新陈代谢）、细胞壁的化学成分、用来游动的鞭毛等等。不过，细菌和古菌都是原核生物，也就是说细胞结构都很简单，几乎不会以细胞集群的样子出现，也绝不会形成多细胞生命。

地球表面的生命则有赖于光合作用，这一点至今仍然如此。光合作用的出现是这颗行星上最重大的生物变革之一，重要性可能仅次于生命的诞生，鉴于以光合作用为基础，大量的太阳能直接或间接为地球上几乎所有的生命提供了能量，同时也从根本上改变了大气层。光合作用是怎样起作用的？相关研究仍然极为活跃。尽管我一再想把它说简单点，光合作用其实相当复杂，涉及好几个步骤。

通常，来自阳光的光子被细胞中含有色素（比如叶绿素）的蛋白质捕获，光子的能量撕开了水分子，剥离出 1 个电子，留下 1 个氢原子核（也就是质子）和 1 个氧原子，氧气其实是光合反应的废品。剥离出来的自由电子基本上就是能量的一种代币，用来生产细胞中的能量运输工具，比如 ATP。这样存下来的能量有一些被用于从大气中提取二氧化碳，实际上就是用 2 个氢原子去置换出二氧化碳分子中的 1 个氧原子，从而生成最终产物——糖（以及更多氧气）。糖的生产实际上将碳还原成了有机碳，因为碳原子得以牢牢抓住更多电子，而不必再跟贪吃的氧原子共享电子（氢原子个头小些，而且对电子没有那么贪婪）。随着更多的氧被如此这般从二氧化碳中移除，越来越多的碳得到还原（稍后详述），也有越来越多的能量通过它自己雪藏的电子储存起来。

因此，在地球表面最早占主导地位的微生物之一是光合细菌，跟蓝细菌很像（通常也叫蓝绿藻，不过真正的藻类可不是细菌，所以这其实是用词不当）。这些细菌组成了大片大片的微生物垫子，彼此层层相叠，从而保持始终暴露在阳光中。这样一来，这些细菌就会逐渐硬化、钙化（也就是生成碳酸盐），形成层叠石，这是可以确证年代的化石中最古老的一种。在光合作用中，这些细菌将二氧化碳和水转换成糖分，并释放出废品氧气。前面说过，氧气是很活跃的气体，会试图从别的元素那里窃取电子跟自己结合，因此通常会与几乎所有可用元素反应形成化合物，除非这种元素比氧还要活跃（比如说氯元素和氟元素，它们对电子比氧更贪得无厌）。对很多生命形式来说，氧气有毒，腐蚀性很强，暴露在氧气中会导致类似"灼烧"的化学反应，就像是让我们暴露在氯气中一样，氯气是在一战中最早使用的毒气之一。

光合作用生产出来的多余氧气一开始并没有跑到大气层中富集起来，而是去和其他元素发生了反应，比如与地表和海洋中的铁以及富含铁的矿物，反应生成了铁的氧化物，基本都是铁锈。过了 20 亿年，能用的铁都给用光了，留下来的是大量含有铁氧化物的古地质矿床，称为条带状含铁建造（Banded Iron Formations），今天的铁矿大部分由此组成。在这以后就没有矿物或是金属来消耗氧气了，于是氧气渐渐积累，达到了今天的含量，在大气中占 20% 左右。

氧气含量趋于稳定可简单归因于它与所有产出的有机

物（糖分、脂肪、甲烷等）达到了平衡，这些有机物会再次与氧气反应，最终把二氧化碳和水还给大气。在化学上这意味着反应达到了稳定状态，也就是说光合作用产生的氧气与逆反应消耗的氧气数量相等。前面也说过，燃烧就是光合作用逆反应的一种方式，它以光和热的形式释放出储存的太阳能，让反应达到平衡。另一种逆反应来自需氧生物（比如我们）——这类生物消耗糖分和脂肪，使它们与氧气反应，将释放出来的太阳能运用于自身，并排出二氧化碳和水。需氧生物的祖先原本跟细菌相似，但经过演化变成了可以利用氧气来消耗自身糖分能源的生物，这样就可以在太阳能短缺时将氧气作为应急能源。这一技能在不久之后派上了用场（稍后详述）。最后要说的是，光合作用和有氧消耗之间的这种最终平衡，就以氧气含量几乎一直保持同一水平为标志。

不过，大气层中的氧气总量极大，占总质量的 20%，也就是 1000 万亿吨（10^{18} 千克）左右。因此，在光合作用中与氧气对应的另一种有机产物——糖分——也有与之相应的巨大储量，不过实际上通常统称为有机碳（与此相反，无机碳指的是经过风吹雨打的侵蚀作用，以碳酸盐形式束缚在岩石中的碳）。这样的有机物大多都被雪藏起来，与大气隔绝，否则就会与氧气发生各种各样的反应。在地球上，要将有机碳和大气隔绝起来很容易，只要将它埋进广阔的海洋底部，或者是无休无止的造山运动、火山活动带来的侵蚀作用而源源不断产生的沉积物下方。这样一直存到今天的有机碳，储量比现有生物圈的全部有机物含量还大好几千倍（就碳的总质量来说）。所以说，现有的生物圈相对而言只是个微型系统，氧气在其中持续被生产出来，又以大致同样的速率被消耗掉。

需氧生物如何通过呼吸作用利用糖分得到能量？这还是值得交代几句的。当糖分（也就是碳水化合物）与氧气之间的反应只是简简单单的燃烧，藏在有机碳中充满能量的电子（前面说过这是在光合作用中积聚起来的）会重新投入氧的怀抱，掉到氧原子结构中更低的能级上，也就是价电子层（electron valence shell）中，同时以光和热的形式释放出能量。而当需氧生物消耗糖分时，新陈代谢反应使有机碳的电子慢慢漏回贪噬电子的氧原子身边，用于形成电压，而其中的能量最终会储存在生成的 ATP 中，再由 ATP 为细胞机器提供能量。在整个过程中，糖分储存的能量有一小部分并未用于制造 ATP，而是以热量的形式散发了，正是这点热量维持了恒温动物的体温。无论是燃烧还是需氧生物的糖分消耗，一旦氧原子中的电子各就各位，就会随着废弃的二氧化碳和水而离开。

正如第五章所说，在大气的另外 80% 中氮气要占绝大部分，它实际上也是我们前面讨论过的许多生物基本要素的大仓储。然而，氮气相对而言是惰性气体，不容易发生反应把它捕获或是"固定"。要制造含氮化合物（比如说氨），并投入到大型有机体比如植物中去生产氨基酸，绝大部分得靠海洋和土壤中的细菌和古菌，而且得费相当大的功夫。我们人类自身，并不会从空气中得到氮。（但是，从大气中将氮合成固定，可以制成化学肥料，当今农业的高产都要归因于此，而高产的农业支撑了世界上庞大的人口。德国科学家弗里茨·哈伯 [Friz Haber] 早在一个多世纪以前就已经发现了这种固氮方法，还因此获得了诺贝尔化学奖。）

在生命诞生后最初 10 亿年的大部分时间里，统治地球生物圈的都是简单的单细胞原核生物，也就是细菌和古菌。组成动物和植物的那种复杂细胞，以及各种各样复杂的单细胞有机体比如真菌、变形虫、草履虫等，出现在大约 20 亿年前，这些就叫"真核生物"。真核细胞与原核细胞有重要区别，主要在于一个典型的真核细胞有一个由细胞骨架支撑的细胞膜，DNA固定在细胞核中而不是自在地漂浮在细胞中，另外还有名为"细胞器"的部件来让细胞工厂正常运行。这样的真核细胞还能改变形状，用细胞膜去包围甚至吞掉别的有机体。那么，这样的有机体是怎样出现的呢？

关于真核生物的起源，得到最广泛认同的假说叫"内共生假说"（endosymbiosis），说的是起初有两个原核生物彼此结合，可能是一个吞噬了另一个，也可能是一个入侵了另一个——到底哪个才是真相无关紧要，因为实在很难说这两种情形有什么区别。这个过程可以是古菌吞掉了细菌，或是反过来。然而这个过程发生很多次以后，结合体就变成了共生的交换系统。例如，需氧细菌能够移除氧气，并将氧气用来消耗糖分从而产生能量，因此就成为古菌的好搭档，因为氧气对古菌来说是有毒的。反过来，身处更大细胞中的光合细菌也会为自己的宿主制造糖分。像这样的多元共生结合体，在氧气供应不断变化的环境中拥有巨大的演化优势，真核生物也因此找到了立足之地。

细胞器是真核细胞中的工作部件，被认为正是通过这种共生伙伴关系形成的。依据是，在我们人体自身的细胞中就有一种名叫"线粒体"的细胞器，看起来简直完全就是细菌：它自己有短小的DNA链，也是我们细胞内部能量转换的主要场所。植物同样也有看起来像是细菌的细胞器，就是用来进行光合作用的叶绿体。无论如何，当时地球上的氧气水平在逐渐上升，同时光合细菌产生的全部糖分和脂质也在渐渐积累起来，要充分利用这样的环境，共生结合体是非常适合的。诚然，比起你坐在太阳下一整天吸收到的太阳能来说，糖分和脂肪是有效得多的能源，而且输送起来也便捷得多。有了这些机制，炫富消费的时代就此来临。而今我们不但能储存糖分和脂肪来给身体提供能量，而且也能将其储存在汽车和飞机里以便驰骋来去，这多多少少可以算是一回事。

既然真核细胞实际上是其他细胞的结合体，自然会比原核细胞大一些，甚至可以大好多倍。真核细胞的大小并不需要受到限制，因为它的工作部件遍布体内，体积变大就会拥有相应比例的更多细胞器。而原核细胞被认为在将近40亿年的历史中几乎没有改变过大小或形状，主要是因为原核细胞的工作部件基本上都在封闭的细胞膜上，相当于化学物质的管道和泵，内部则只有一些DNA自由漂浮在化学物质的汤里。如果细胞变大，整个扩大的细胞膜及其工作部件就得支撑起还要更大的内部容量。如果细胞半径加倍，表面工作部件可能会变成 4 倍，但内部容量会变成 8 倍。最终，细胞的表面将无法跟上这一容量的需求，因此对原核细胞来说，体积增大会变成劣势。

比起原核生物来，真核生物也更为多样化，这是因为它们的繁殖方式有所不同。原核生物主要通过细胞分裂也就是无丝分裂来繁殖，这种方式只是克隆自身，因此在将近 40 亿年中几乎没有变化。简单的单细胞真核生物也是通过细胞分裂来繁殖，但分裂时会将自身细胞核里的 DNA 分割并打乱顺序，然后通过有丝分裂和有性繁殖的方式与一位伙伴共享 DNA 分子。打乱和交换 DNA 的好处在于产生了多样性，同时降低了 DNA 受损片段带来致命基因错误的可能性。（打乱重排有更大可能可以丢掉受损片段，但要是 DNA 仅仅完全地克隆自己，受损片段肯定会保留下来。）多样性和差错控制都会带来进一步的演化优势，在演化中也延续了这些特点。

多细胞的动植物生命可能最早是以细胞克隆集群的形式出现。克隆集群的特点是所有细胞都一模一样，而多细胞有机体则有专门的细胞执行各种不同的功能，比如我们自己身上就有肌肉细胞、脑细胞、骨细胞、眼细胞等等。原核生物可以形成粗简的丝及微生物垫的克隆集群，而单细胞真核生物可以形成多种多样的集群结构，比如黏菌和团藻（本章开篇插图就是漂浮着的球状藻类集群）。考虑到真核生物调整和演化的方式极为多样，很可能从克隆集群到多细胞有机体的转变其实非常直接。集群表面的细胞可能会更多负责从环境中吸收能量和营养，同时较深处的细胞则将营养和水分抽吸运送到集群内部，早期的循环系统就这样建立起来了。集群内不同的环境可能在实质上推动了成员细胞不同方向的分化演变，使之成为不同的专门细胞。最终，分化出来的细胞各司其职，比如负责整个集群有机体的四处走动，或是感知捕食者和食物，这样的分化在具体的环境中就有了演化优势。

然而，地球上多细胞生物的兴起经历了漫长的历史。单细胞生物一直统治着整个生物圈，直到大约 6.4 亿年前。从 6.4 亿年前起到 5.4 亿年前，有过一些叶状和管状的简陋的生命形式，但后来都灭绝了，这段时期叫"埃迪卡拉纪"（震旦纪）。而到了大概 5.4 亿年前，多细胞生物就多种多样地兴盛了，出现了大量不同的海洋生物，只是其中的绝大部分你恐怕认不出来，最多能觉得它们看起来就像是丑到极点的蝎子、蜈蚣和螃蟹。

这一事件叫作"寒武纪生命大爆发"，实际上也标志了化石记录的开端，这是因为当时很多生物体内都有了坚硬的部分像是贝壳、骨架等，这些部分不会腐烂，能够保存下来。当然，这也意味着我们可能已经错过了许多更早的化石，那时的生物体内还没有坚硬的部分。不过到了今天，现代古生物学能够仅凭很久以前无脊椎动物留在岩石上的生物和遗传物质的一点点痕迹，就分辨出生命的存在。另外，寒武纪大爆发之前的沉积物（而今已黏结在一起变成岩石），只显示出极少因生物采掘、蠕动而留下的痕迹（这一效应叫"生物扰动"），而在寒武纪大爆发之后，这种痕迹在海底沉积物记录中就普遍存在了。

有壳动物身上的贝壳是由碳酸盐矿物制成，这种动物的兴盛可能要归因于火山活动导致的大气中二氧化碳的积累，这个积累过程同时也帮助地球摆脱了雪球状态（参见第六章）。具体来讲，含量升高了的二氧化碳最终会溶解在海洋中，随后被矿物的风雨侵蚀作用去除掉，给贝壳提供了原材料。因此，可能就是雪球事件的结束引发了寒武纪大爆发。在最近 4 亿年左右的时间里，动植物在陆地上大批生长，并继续演化和多样化，填补了每一个生态位，每一个能占据的角落和缝隙。但是还请注意，寒武纪大爆发以来的这段时间（显生宙）仅仅是地球整个历史的 1/10 左右，地球大部分的生物史篇章都是由微生物一枝独秀。

在地球漫长的生物史上，大量的太阳能以糖类、脂肪和其他有机物质的形式成功储存起来，同时在大气层中也有巨量的氧气在逐渐积累。前面说到，这些有机物绝大部分都埋藏在沉积物下方和大洋底部，与氧气充足的地表环境隔绝开来。这些埋起来的有机物，有很小一部分被深埋在地壳中，遇到了刚好合适的高温高压，从而变成了各种各样的化石燃料。这个过程实际上就是慢慢灼烧糖分子，从中去除氧原子，使碳原子进一步还原（同样，这里说的还原也是指得到本来被氧原子牢牢抓住的电子）。埋在海里的有机物经历这一过程后就会变成石油和天然气这种碳氢化合物（由氢和碳组成，不含氧），形成的储藏中有一部分被板块构造运动推挤抬升，或是在海平面下降时暴露出来，又一次出现在陆地上。比如美国西部从得克萨斯州到怀俄明州的广大地域，在恐龙时代就是一片海洋。埋藏的陆生有机物比如树木、沼泽生物等，如果遇到合适的条件，最终会变成煤炭，而且差不多是纯碳（沼泽也会生产出泥炭，算是从有机物到煤炭的中间阶段，但也被认为是一种化石燃料）。石油、天然气、煤炭（还有泥炭）一起组成了我们化石燃料的储量，不过在这巨大的储量中，大部分（就碳的质量来说占85%左右）都是煤炭。绝大部分煤炭都是在大约3亿年前形成的，这个地质时期叫"石炭纪"（这名儿起得可真好），从地质学角度来说，这是植物开始在陆地上大批生长之后不多久的事情。

地球上一共埋藏着大概相当于4万亿吨碳的化石燃料，这大致是今天整个生物圈现有碳总量（包括活着的和死了的生物量）的2倍。然而，伴随着大气层氧气的生产过程而被同时创造出来的所有有机物，绝大部分——相当于将近1.5亿亿吨的碳，也就是所有化石燃料碳含量的4000倍左右——都还搁在地壳中，没有转化成化石燃料，想要提取出来加以利用也是难上加难。这些有机物统称为油母质，是地球上碳的主要储存形式之一。但作为比较也许应该指出，以碳酸盐矿物形式储存在海底和陆地中的无机碳，又是油母质总量的4倍左右。碳酸盐矿物和油母质算在一起，早先曾存在于地球大气层中的二氧化碳就几乎全被抽取隔离了，而这使我们的气候不会变得像金星那样。油母质的总量如此之巨，因此就算只有很小一部分遇到合适的温度压力条件而转化，都会产出相当多的化石燃料。

最后要说的是，与糖类相比，化石燃料中碳和碳氢化合物是更好的燃料，因为里面所有的氧都已经去除了，也就意味着有更多原料可以跟氧发生反应。在某种意义上，化石燃料所代表的不仅有光合作用捕获而储存起来的太阳能，还有用来去除糖类中氧原子的地热能。就算不考虑寒武纪以前的全部生物生产过程，我们也还有好几亿年时间里储存起来的好几千亿吨化石燃料可供消耗。这种能源便宜，能集中获取又方便运输，因此极大改变了人类文明，也带来了无数的技术进步和社会进步。但是，这种资源又过于实用，于是我们忍不住以令人瞠目的速度开采利用，仅仅几十年工夫就消耗掉要千百万年的积淀之功才能制造出的燃料。这样的涸泽而渔也给可供栖居的气候和环境带来了迫在眉睫的冲击——这里说的可供栖居，是对我们人类而言。

第八章　人类与文明

在多细胞生命兴起好几亿年之后，人类才在这个世界上出现，因而我们很难对其间出现的全部生命形式都做到一视同仁，尤其是对人见人爱的恐龙。所以，简单交代一下背景，我们的哺乳动物祖先甚至早在恐龙时代就已经存在了，虽说它们只是像小型啮齿动物那样的生物，填补着当时世界的统治者恐龙尚未占据的生态位（比如作为夜行动物，生活在地下）。到了大约6500万年前，尤卡坦半岛的小行星撞击给恐龙带来了灭顶之灾。在那以后，哺乳动物有了更多生态位，体形变大，也更为多样化了。已知体型最大的陆生哺乳动物是巨犀（或称俾路支巨兽），生活在2000万年以前的中亚。这种野兽是当代犀牛的一种无角的祖先，但体形庞大得多，而且从脖子来讲就跟更大块头的蜥脚类恐龙比如腕龙一样，或者可类比现代长颈鹿。

有些与恐龙同时代的小型哺乳动物早就找到了一个特

别的生态位——生活在树上。要躲开大型动物，树上是理想的避难所，同时树还能提供独一无二的食物来源，比如树叶、水果、树冠里和雨林树冠层里的昆虫等。长得像啮齿动物的树鼩，很可能就是所有灵长动物的共同祖先。树鼩最早出现在恐龙灭绝前后，也有可能更早。这些最早的灵长动物之所以与众不同，是因为它们有可以抓握的拇指和脚趾，在眼窝周围有独特的骨骼结构，并且对水果情有独钟。灵长类动物以共同的面貌在非洲、东亚以及美洲生存发展，直到大约 3000 万年前，无尾猿才从旧世界其他有尾巴的猴子（例如狒狒、狐猴、猕猴等）中分化出来。

在无尾猿总科中，大猿（也叫类人猿）和小猿（长臂猿科）在大约 1800 万年前分道扬镳。大猿这个分支首先分化出了猩猩属（属是高于种的生物学分支），随后是大猩猩属。而最后分化出来的黑猩猩属和人属，则很可能是在大约 700 万年前分道扬镳的。现存的大猿就由这四个属组成，而其中除了人属之外，每个属都有两个种，例如黑猩猩属就包括黑猩猩和倭黑猩猩。而人属只有智人这一个物种存活至今，这就是我们人类。

总体而言，大猿生活在树上的时间比它们的祖先要短得多，而且正如其名，大猿体形更大，一般来讲也更聪明，至少从我们的角度来看是这样。离开树解放了它们的双手和拇指，由此产生的操控环境的能力（比如用棍子获取食物）也给它们带来了一些演化优势。不过，并没有哪个分支的大猿爬上了食物链的顶端，直到人类开始拥有（所谓的）上肢。

在短短几千万年间，是什么推动了灵长类动物的发展和分化？前面说到，最近 5000 万年里气候在逐渐冷却，但在这总体冷却的趋势中，地球也曾在大约 3000 万年前到 1500 万年前变暖，由此产生的热带气候使非洲和亚洲都出现了热带雨林，这对树栖动物来说是很适合生存的环境。然而，从 1500 万年前开始，变冷变干的趋势重启，这很可能减少了树栖动物的栖息地。

板块构造运动对环境变化也有贡献。大陆漂移是洋流发生改变的重要原因，也造成了喜马拉雅山脉的隆起（见第六章），由此导致了过去整整 5000 万年的冷却趋势。到 3000 万年前，非洲大陆与欧亚大陆相撞，两块大陆之间的特提斯海（Tethys，古地中海）和副特提斯海（Paratethys）渐渐缩小，同时沿海岸线的热带生态系统渐渐消失，取而代之的是干燥的陆地生态系统。此外，东非大裂谷（以及红海裂谷）也在这时开始撕裂，并导致地形抬升，这是因为更热的地壳和地幔相对较轻，容易上浮。（现在东非仍然在抬升或者说撕裂，这会导致非洲大陆在几千万年内解体，形成新的海道。）在抬升的陆地上气候变得更干、更冷，东非大裂谷的大部分地区也形成了大量各种各样的地形和环境，从裂谷到层状火山（即标志性的锥形火山，例如乞力马扎罗山）应有尽有，这就让生态位变得相当丰富。

最终，气候冷却和地形抬升使一大部分的非洲都从热带雨林变成了稀树草原，原始人科动物从 1500 万年前开始的最终分化，就大都发生在这里。总之，这些变化使我们的祖先离开树木来到地面，这样它们的拇指不再用来悬吊在树上，而能用作他途。尽管这一演化确证发生在非洲，但非洲大陆和欧亚大陆之间的特提斯海缩小了，大陆之间出现了陆桥，于是非洲哺乳动物就有了散布到亚洲的通道，其中自然也包括原始人。

根据最新的估算，人类和黑猩猩的分道扬镳很可能发生在大约 700 万年前，证据来自已知最古老的人类祖先化石，也就是在非洲乍得发现的乍得沙赫人。人类或者说人属（今天的人类是该属的唯一现存物种）的分化，以能够持续用双足直立行走为最重要标志。大猿也能像我们这样直立而行，但只是偶然为之。直立实际上是很古怪的姿势，因为挺难站稳，要是没有脚趾和脚掌不断地保持平衡，我们就会摔倒；四条腿的动物，站姿当然稳定得多。另外，用两条腿奔跑几乎一定比用四条腿慢，这是因为用四条腿奔跑时，还可以在跨步中加入整个躯干的力量。那么，用两条腿站立和行走到底有什么好处呢？

关于双足直立行走的起源有很多理论，其中一些相对更靠谱。首先，在用嘴衔食物之外，还能腾出手来抱住更多食物，是显而易见的优势。够得着更高处的食物看起来也像是一种优势，但肯定不及爬上去拿更理想，所以，除非所有的猿都丧失了攀爬能力，否则这个说法可站不住脚。不过，对于发现猎物并警惕捕食者来说（猿既手无寸铁，又没有利爪尖牙，所以需要日夜操心捕食者），直立带来了更好的观察视角，因此能够直立行走和奔跑很可能也产生了优势（大量动物都能够直立以便获得更好的视角，比如狐獴和熊）。此外，直立让体形看起来更大，这也是一种优势，在自卫、建立社群霸主地位以及求偶中都大有用处，各种各样的动物，包括我们的近亲大猩猩，都会使这一招。

直立也使得热量调节更加方便。对我们来说，奔跑时要凉快下来比四足动物容易得多，因为直立增加了体表在空气中的暴露面积，有助于汗液从皮肤上蒸发，也就带走了热量。同样的道理，直立让我们更充分地享受清风吹拂，因为风越靠近地面就越微弱。实际上，人类让自己凉快下来的办法非比寻常，那就是出汗（虽说也有其他灵长动物以及马通过出汗来降温）。这是因为出汗会排出水分然后蒸发掉，而蒸发过程中带走的能量（也就是把水从液态变成气态所需要的能量）相当大（自然界蒸发过程所需要的能量中，水差不多算是最高的），所以用出汗来降温非常有效率。别的动物比如猫猫狗狗，得靠喘气来进行热量调节，也就是吸入冷空气呼出热空气来与大气交换热量。这比起出汗来效率低太多，因为空气可不像水汽能带走那么多热量，这也是猫猫狗狗当不上长跑健将的原因之一（狗的情况还好一点），跟人和马自然都没法比。现代人类依赖于没有毛发的皮肤来出汗降温，比起其他会排汗的哺乳动物，我们的汗液含水量更高更容易蒸发，而别的动物出的汗会更油（这可能也是我们失去毛发的诸多原因之一——为了适应更热的环境）。然而，能让出汗发挥最大效用的是干热环境，要是空气很热但水汽饱和的话，我们的汗液就没法离开皮肤进入空气了（饱和的空气没法接纳更多的水汽），这就是为什么人类在湿度很高的地方会很不舒服，绝大部分的人都因此更喜欢干热而不是湿热。说了这么多，看起来我好像一直对排汗念念不忘，但我真正想说的是，我们人类是冰期的产物，排汗机制正是最清晰显著的证据之一。如果是在5000万年前（甚至3000万年前），我们调节热量的方式恐怕都无法运转良好，因为那时整个地球没有冰，气候又湿又热。所以，如果人类活动导致又一次出现全球皆热带的环境，依赖于排汗机制的我们恐怕就没办法适应了。跟诸如传染病这样的问题相比（全球变暖也会导致传染病暴发），出不了汗听起来微不足道，但实际上，"极端天气"中的头号杀手可不是令人闻之色变的飓风或者龙卷风，而是热浪。

无论是什么原因导致了双足直立行走，它都解放了我们祖先的双手，使之可用于抓握工具。有了工具，就能操控周围环境，更好地应对捕食者，也更方便获取食物了（从狩猎到采掘）。就这样，双手带来了演化优势。在大约250万年前，人类的脑容量有了显著增长。一个流行的理论是，脑容量增大来自基因突变，这个突变使强大的下颚肌肉变弱了。大部分猿类都在头骨顶部有一道矢状嵴，而下颚肌肉就固定在这道巨大的矢状嵴上，肌肉变弱给了头骨一点自由空间，让它能演化成更大的尺寸。也是在这个时候，能人（Homo habilis）学会了使用石器，他们的大脑比祖先的更大。使用工具是技术上的一大进步，有了它，打猎和采掘能力得以提升，切割和粉碎食物的技术也得到了改善（用来弥补退化了的下颚）。

随后出现的技能是用火，主角是直立人（Homo erectus），时间可能是将近 200 万年前，不过这个时间点还存在争议。在非洲和欧亚大陆发现的灰烬和烧过的骨头的化石可以作为直接证据，确切表明过去 100 万年内控制用火的行为已经出现。用火是极大的技术跃进，它有好几个重要作用：首先，人类有了热源，借此可以移居到气候更为寒冷的环境中，占据那里的生态位；其次，火可以用于烹饪，很多强韧的植物纤维分子和多筋的蛋白质靠其他办法都很难嚼得动也很难消化，经过烹饪，人类就更容易消受这些食物了；火还能杀死食物中的微生物和寄生虫。最终结果是，烹饪在物竞天择过程中创造了演化优势。比起吃熟食的人，那些喜欢生吃肉食的人死得更早，要么是吃出病来，要么是没法吃得像熟食那么快那么多，因此这些人就从基因池里被剔除出去了。当然，用火也是很久之后其他技术进步的先声，像是清除作物、制作陶器、锻造更好的工具，最后走向为机器供能。

然而，从控制用火到数十万年之后农业的兴起，其间很可能再没有别的重大技术进步。直立人最迟在 5 万年前灭绝，也有可能更早；尼安德特人和智人（也就是现代人类）在大约 20 万年前出现。尼安德特人基本上都迁移到了欧洲和西亚，在寒冷的气候中以火御寒，但这个物种还是在大约 3 万年以前（或更早）灭绝了。有可能尼安德特人和直立人都是在与智人的竞争中走向灭绝的，也有可能是与之同化了（因为现代人类似乎有一小部分尼安德特人的基因片段）。无论如何，很多其他大型哺乳动物拜人类所赐，差不多都在这个时期走上了末路，而直到今天人类也仍然精于此道。

使用工具、控制用火，这样的技术进步使人类进入了演化史上颇有意思的阶段。在这个阶段，技术让我们可以通过改变环境来适应自己，而不必通过自然选择来对自己的生理状况大动手术。当然，无论如何仍然会有一些有限的自然选择出现，比如说，由于暴露在阳光下的程度有所不同，皮肤上会形成不同的黑色素（也可以就叫色素）含量来吸收紫外线；但是，在更大的意义上，用火使人类可以迁移到更为严寒的气候中生存，而不必演化出更厚的皮毛或储存更多的皮下脂肪。在某种程度上，这些技术发展使人类第一次避开了自然选择，不过，这种规避是在现代医学出现后才臻于极致。

最后一次气候的整体变冷开始于1500万年前，延续至今，但在这期间还有些起起落落，也就是短暂的冰期和间冰期（间冰期要暖和一点）。最后一次长冰期叫"更新世"，从260万年前开始，一直持续到大约1.2万年前，但在这两百多万年间也有一些更短的间冰期，每一次都为期数千年。在更新世，北部冰原向南远远延展，一直到了北美洲和欧亚大陆。就北美洲来说，冰原顺利进入美国中西部和纽约州南端；而冰川途经加拿大时一路刮擦，最终，沉积物留了美国长岛。更新世中的某段时间，直立人、尼安德特人和智人同时并存，各自以自己所掌握的技术挣扎求生。由于陆地上巨大的冰原冻住了水，海平面也下降了，就为人类在相连陆块之间的迁移提供了便利，比如东亚和北美洲之间可通过白令海峡相往来，不列颠群岛和欧洲之间也是如此。但是到冰期结束时，只有智人生存了下来，并且已经在几乎所有大洲都有分布。

气温升高始于大约1.2万年前，并在7000年前达到

顶峰，与此同时，农业也以多种形式兴起。变暖的气候给
生物创造了更好的生长环境，这不仅因为气温变高了，也
因为增强了水文循环（也就是蒸发和降水的循环），这能
带来淡水并且促使化学元素进入生命基本构建，循环起来，
并循环得更容易。当然，在温暖的气候中即使没有人类，
生物生产也会照样出现，所以重要的一步在于，当气候开
始变暖时，人类已经具备了驯养部分动物、培育植物并按
需种植储存食物的基本技能。例如，在寒冷气候中有控制
地使用火来清理林地，以便种植庄稼；用锋利的石器翻耕
土地（金属工具要到青铜时代才会出现，那是大约5000
年前的事情）。几乎所有人类社会最基本的粮食作物都是
谷物，比如在中东（或者说黎凡特，包括了新月沃地）驯
化的小麦及其变种、东亚的水稻，还有美洲的玉蜀黍（玉
米）。农业社会是定居型社会，能从扩大土地使用面积中
获益，因此人口增长方面受到的限制要少一些；相比之下，
狩猎—采集社会和游牧社会的生活方式就无法支撑庞大的
人口，因此人口增长方面受限较多。农业也促进了领土意
识的产生，并催生了军队来保护领土。总之，农业社会与
狩猎—采集社会之间的悬殊显而易见，随之而来的很可能
就是与领地用途有关的冲突（也就是说，用于游牧还是用

于农耕及放牧），对于狩猎－采集社会来说，在这种冲突中绝不会有好下场。

在人类开始使用化石燃料之前很久，当农业兴起并占据支配地位时，气候可能就受到了早期的人为影响。这个理论被称为拉迪曼假说，因首创者、地质学家兼古气候学家威廉·拉迪曼而得名。伐木烧林以种植农作物（鉴于当时种植技术还很原始，很可能人均所需耕地面积比今天要大得多），这个过程排放的二氧化碳无法被取而代之的面积更小的谷物地重新吸收。还有约7000年前在亚洲开始大量种植水稻，这增加了甲烷的排放量（这是因为稻田其实就是沼泽地，会在腐烂过程中产生大量"沼气"），而甲烷是一种效力很强的温室气体。理论上来讲，从1.2万年前持续到8000年前的气候变暖本该只是一个短暂的间冰期，在那之后地球本应进入下一个冰期。然而，农业释放出的温室气体使地球避开了这个冰期达数千年之久，而工业时代以来的化石燃料燃烧变本加厉地延续了这个趋势。

农业社会取得了支配地位，随之而来的是劳动者（从工匠到种地人）和统治者的社会阶层划分。具体来说，农业社会需要造价不菲的基础设施，需要组织来管理和保护

第八章 人类与文明

各类资源（比如水资源和灌溉系统，储存食物的粮仓，等
等），这就意味着得有军队和政治系统，得有书面记录、
通信及贸易。的确，历史事件和技术知识的口头及书面记
录能给农业社会带来演化优势，因为这些记录作为信息可
以超越人类的寿命限制，帮助人类改善处境（有助于避免
重复犯下像是前人在大饥荒或者大洪水中犯过的错）。总
之，这些发展带来了文明和历史的曙光，人类文明的大幕
在 7000 年前（这个时间尚有争议）的美索不达米亚南部
的苏美尔（现在的伊拉克）开启。

　　美索不达米亚文明的兴起，以及文化在欧亚大陆中部
和西部的大面积传播，二者可能是由同一个气候事件引发
的，那就是"黑海泛滥"，同样发生在大约 7000 年前。更
新世末期，欧亚大陆的冰盖融化，融水可能填满了地中海，
同时气候变暖也使黑海缓慢蒸发，那时的黑海还是淡水湖，
供养了大量沿海的文明社会。地中海和黑海两者的水位之
间有 140 米的高差，水位差最终在博斯普鲁斯海峡切开一
条通道，让地中海的水能够缓缓流入黑海，使它变成了今
天的咸水水体。整个洪灾可能只持续了 3 年左右，但黑海
海岸线坡度平缓，因此水位能够沿地面快速爬升，周围的
农田也只能就此抛荒。可能就是这一气候事件驱散了黑海

周围的文明社会，人们四方星散，中东、中亚、西欧，到处都有。就这样，它驱动了印欧人、闪米特部落乃至乌拜德人的迁移，他们迁居到美索不达米亚，形成了最早的苏美尔定居点。这些不同的文明都共享了这段洪水泛滥的灾难史，这可能也解释了为什么他们都有大洪水的传说，像是《圣经》中记载的挪亚方舟的大洪水、史诗《吉尔伽美什》中乌塔那匹兹姆（Utnapishtim）的传说、希腊神话中的丢卡利翁（Deucalion）等。

　　我忍不住要介绍一种迷人但富有争议的理论，它对我独具吸引力。这是由贾雷德·戴蒙德（Jared Diamond）提出的观点，并在他举世闻名的佳作《枪炮、病菌与钢铁》中得到了最好的概括。戴蒙德问：为什么现代史上的殖民扩张是如此的一边倒？欧洲人到别的大陆上殖民，（往往是靠疾病）征服或者说扫荡了全球范围内的其他文化。戴蒙德的理论认为，大陆的朝向是罪魁祸首。（从地球诞生起，板块构造就不仅影响了全局，还推动了历史的潮流——作为地球物理学家，我怎能不对这样的观点动心呢？）

　　按照戴蒙德的理论，在人类刚刚实现大致分布到世界各地的时候，各个大陆上不同文明之间最重要的区别不是这些人，而是他们所在的大陆各自是怎样的走向。欧亚大陆（从东亚一直到欧洲）文明拥有广阔的土地，在这土地上他们可以向东或向西扩张，而且基本上始终处于同样的气候带中。在同一个气候带内扩张，对庄稼和驯养的牲畜来说都更容易存活，因为这样不会扰乱它们的生长条件。然而，这样的扩张只有在足够广阔的土地上才有效，广阔到不同的小气候（比如山地气候）之间的变化不会对整片土地有多大的影响，才有效。也就是说，气候带在成百上千公里的范围内大致是整齐划一的，但在几十公里的范围内并不尽然，也许其中会有高原沙漠，也许会有潮湿的河流深谷，不一而足。

整体来看，欧亚板块也就是欧亚大陆的东西走向为农业人口和技术的扩张与多样化提供了广阔的舞台。相比之下，其他大陆基本都是南北走向，因此沿着同一气候带的迁移受到限制，而向北或向南的迁移则意味着要将庄稼和牲畜带到它们的宜居带之外。这样一来，农业扩张高度受限，反而是狩猎—采集社会可能拥有更多的优势。

欧亚大陆文明广阔的扩张，也使这里的人比其他大陆上的居民有机会驯养更多动物种类，从而更多暴露在动物病菌中，产生了对各种疾病的免疫力。等到贪婪成性的欧亚文明将触角伸到自己的大陆之外，他们不仅有领先若干世纪的军事技术，还有其他大陆上的文明闻所未闻的疾病。在这种条件下，一支小小的探险队就能彻底击溃整个王国，就像西班牙探险家弗朗西斯科·皮萨罗（Francisco Pizarro）那样，以早期西班牙殖民者在加勒比海引发的毁灭性流行病——天花为排头兵，征服了秘鲁的印加帝国。

我并不打算一头闯入卷帙浩繁的 7000 年人类史。但值得留意的是，尽管关于这 7000 年的文字记录如此之多，在我们这个故事里它也才占了仅仅二百万分之一的时间篇幅。我们的故事始于 140 亿年前，来重温一下我在本书开头用过的一个比喻：如果宇宙的历史快进播放，让你能在 24 小时内将宇宙史尽览无余，那么人类史只有 0.04 秒，完完全全就只是一眨眼的工夫。如果我们据此将本书每章篇幅按照它所代表的时间长度进行分配，那么人类史会是全书末尾的一个句号。

尽管人类史所占的时间短暂得难以置信，但人类操控环境的能力却无与伦比，因此自从兴起之后，人类就成了一个没有天敌的物种——除了已经盘踞这个星球近 40 亿年的生物，也就是细菌。我们这个物种并没有严格意义上的敌手，因此得以布满全球，人口爆炸的速度比指数增长还要快。最近两个世纪，我们找到了办法开采化石能源，而这些能源已经在地下埋藏了好几亿年。数量惊人的廉价能源带来了科技的陡然跃升，今天所有人类都从中获益匪浅（虽说并非雨露均沾）：从交通运输到全球通信，从食物生产到医药卫生。

能源又多又便宜，由此导致的负面影响是环境破坏和异常的气候变化，但这些影响现在还过于抽象，无法与能源的巨大优点及潜力相匹敌，因此，恐怕还要再过一段时间，我们才会改变对能源的消费习惯。与此同时，尽管自然选择机制已持续了数十亿年之久，技术和医药的进步却使我们不再受它制约（在发达国家尤其如此）。这也就意味着，如果情形恶化，我们耗尽了资源，不再能支撑技术和医药，那么，我们极度膨胀的人口中，就会有巨大一部分成为微生物的密友，而微生物已经耐心等候多时了（抱歉描述得这么生硬，这么冯内古特*）。然而，挥霍无度所有资源，基本上正是从未受到挑战的有机体最拿手的事情。细菌独自在培养皿中消耗着食物和能量，直到几乎耗尽一切，然后就这样了——曲终人散。

---

* 库尔特·冯内古特（Kurt Vonnegut Jr.），美国作家，黑色幽默文学的代表人物，他的《五号屠场》堪称美国黑色幽默文学的高峰。——译者注

但到了最后，我还是愿意认为我们毕竟与培养皿中的细菌有所不同。从我们做过的其他所有事情里，无论好的坏的，我们形成了积累知识的方法，并由此构筑更多知识。有了语言、历史和科学，我们在这个星球上（或者就我们目前所知的，在全宇宙中）第一次能对未来提出颇有见地的猜想——不是近在眼前的未来，而是更为遥远的时间。因此，我们有能力也有潜力去先发制人而非亡羊补牢，或者更糟地等到为时已晚。用不了很久，就在这一代或是下一代人，我们就会看到，我们到底能不能挺身而出，能不能运用我们所有的知识，为未来人类的生存而奋斗。如果我们真的那样做了，它就会成为生命史上甚至宇宙史上，一个独一无二的时刻。

进一步阅读书目

正如我在《前言》中说的，本书最大的特色就是简明，或许还包含了作者的视角。有很多更通俗易懂的著作覆盖了大量（尽管不是全部）相同的领域，有志于继续探索的话，有三种出色的途径：

Jastrow, Robert, and Michael Rampino. *Origins of Life in the Universe*. Cambridge: Cambridge University Press, 2008.

Langmuire, Charles H., and Wally Broecker. *How to Build a Habitable Planet*. Rev. and expanded ed. Princeton, NJ: Princeton University Press, 2012.

MacDougall, J. D. *A Short History of Planet Earth: Mountains, Mammals, Fire and Ice*. Hoboken, NJ: Wiley & Sons, 1998.

读者诸君（尤其是我科学上的同行）会发现，我并未援引所有可用的信息和发现，否则参考文献列表就会比本书正文还要长了（那样的话我肯定得把书名改掉，而我的出版商，出于某些原因，通常不会喜欢那样的书名）。我提到的有些更著名的话题和英雄人物，在学术文献和科普读物中都很容易找到。但为方便各位起见，我在下面对一般性阅读书目提出了建议。而对更为前沿、更为深奥的话题和结论，我都尽量标注了原始作者和科学家，并在下面提供了更专业的阅读书目。因此对特定章节，我列出的既有一般性读物，也有专业书目。

第一章 宇宙与星系

一般阅读

Peebles, P. J. E., D. N. Schramm, E. L. Turner, and R. G. Kron. "Evolution of the Universe." *Scientific American*, October 1994, 50–57.

Singh, Simon. *The Big Bang: The Origin of the Universe*. New York: HarperCollins, 2005.

Trefil, James. *The Moment of Creation*. New York: Macmillan, 1983.

Turner, Michael. "Origin of the Universe." *Scientific American*, September 2009, 36–43.

专题阅读

Bromm, Volker, and Naoki Yoshida. "The First Galaxies." *Annual Review of Astronomy and Astrophysics* 49 (2011): 373–407.

Frieman, J. A., M. S. Turner, and D. Huterer. "Dark Energy and the Accelerating Universe." *Annual Review of Astronomy and Astrophysics* 46 (2008): 385–432.

Greene, Brian. "How the Higgs Boson Was Found." *Smithsonian Magazine*, July 2013. http://www.smithsonianmag.com/science-nature/how-the-higgs-boson-was-found-4723520/.

Guth, A. H., and P. J. Steinhardt. "The Inflationary Universe." *Scientific American*, May 1984, 116–28.

Spergel, David N. "The Dark Side of Cosmology: Dark Matter and Dark Energy." *Science* 347, no. 6226 (2015): 1100–1102.

第二章 恒星与元素

一般阅读

Kirshner, Robert P. "The Earth's Elements." *Scientific American*, October 19, 1994, 58–65.

Lang, Kenneth R. *The Life and Death of Stars*. Cambridge: Cambridge University Press, 2013.

Young, Erick T. "Cloudy with a Chance of Stars." *Scientific American*, February 21, 2010, 34–41

专题阅读

Kaufmann, William J., III. *Black Holes and Warped Spacetime*. New York: W. H. Freeman, 1979.

Truran, J. W. "Nucleosynthesis." *Annual Review of Nuclear and Particle Science* 34, no. 1 (1984): 53–97.

第三章　太阳系与行星

一般阅读

Elkins-Tanton, Linda T. *The Solar System*. 6 vols. New York: Facts on File, 2010.

Lin, Douglas N. C. "Genesis of Planets." *Scientific American*, May 2008, 50–59.

Lissauer, Jack J. "Planet Formation." *Annual Review of Astronomy and Astrophysics* 31 (1993): 129–74.

Wetherill, George. "Formation of the Earth." *Annual Review of Earth and Planetary Sciences* 18 (1990): 205–56.

专题阅读

Armitage, Phillip J. *Astrophysics of Planet Formation*. Cambridge: Cambridge University Press, 2010.

Canup, Robin M. "Dynamics of Lunar Formation." *Annual Review of Astronomy and Astrophysics* 42 (2004): 44175. doi: 10.1146/annurev.astro.41.082201.113457.

Chiang, E., and A. N. Youdin. "Forming Planetesimals in Solar and Extrasolar Nebulae." *Annual Review of Earth and Planetary Sciences* 38 (2008): 493–522.

Gomes, R., H. F. Levison, K. Tsiganis, and A. Morbidelli. "Origin of the Cataclysmic Late Heavy Bombardment Period of the Terrestrial Planets." *Nature* 435 (2005): 466–69.

Levison, H. F., A. Morbidelli, R. Gomes, and D. Backman. "Planet Migration in Planetesimal Disks." In *Protostars and Planets V*, ed. B. Reipurth, D. Jewitt, and K. Keil, 669–84. Tucson: University of Arizona Press, 2007.

第四章　大陆与地球内部

一般阅读

Brown, G. C., and A. E. Mussett. *The Inaccessible Earth*. London: Chapman & Hall, 1993.

Condie, Kent C. *Plate Tectonics and Crustal Evolution*. Oxford: Pergamon, 1993.

"Our Ever Changing Earth." Special issue, *Scientific American* 15, no. 2 (2005).

Schubert, G., D. Turcotte, and P. Olson. *Mantle Convection in the Earth and Planets*. Cambridge: Cambridge University Press, 2001.

Stevenson, D. J., ed. *Treatise on Geophysics*. Vol. 9 of *Evolution of the Earth*, 2nd ed., ed. G. Schubert. New York: Elsevier, 2015.

Vogel, Shawna. *Naked Earth: The New Geophysics*. New York: Plume, 1996.

专题阅读

Bercovici, D. "Mantle Convection." In *Encyclopedia of Solid Earth Geophysics*, ed.
    H. K. Gupta, 832–851. Dordrecht, Netherlands: Springer, 2011.
Elkins-Tanton, L. T. "Magma Oceans in the Inner Solar System." *Annual Review of Earth and Planetary Sciences* 40 (2012): 113–39.
England, P., P. Molnar, and F. Richter. "John Perry's Neglected Critique of Kelvin's Age for the Earth: A Missed Opportunity in Geodynamics." *GSA Today* 17, no. 1 (2007): 4–9.
Glatzmaier, Gary A., and Peter Olson. "Probing the Geodynamo." *Scientific American*, April 2005, 50–57.
Stacey, F. D. "Kelvin's Age of the Earth Paradox Revisited." *Journal of Geophysical Research: Solid Earth* 105, no. B6 (2000): 13155–58.

第五章　海洋与大气层

一般阅读

Allègre, Claude J., and Stephen H. Schneider. "The Evolution of the Earth." *Scientific American*, October 1994, 66–75.
Holland, H. D. *The Chemical Evolution of the Atmosphere and Oceans.* Princeton, NJ: Princeton University Press, 1984.
Kasting, J. F. "The Origins of Water on Earth." In "New Light on the Solar System," special issue, *Scientific American* 13, no. 3 (2003): 28–33.

专题阅读

Elkins-Tanton, L. T. "Formation of Early Water Oceans on Rocky Planets." *Astrophysics and Space Science* 302, no. 2 (2011): 359. doi: 10.1007/s10509-010-0535-3.
Valley, John W. "A Cool Early Earth?" *Scientific American*, October 2005, 58–65.

第六章　气候与宜居性

一般阅读

Bender, Michael L. *Paleoclimate.* Princeton, NJ: Princeton University Press, 2013.
Falkowski, P., R. J. Scholes, E. Boyle, J. Canadell, D. Canfield, J. Elser, N. Gruber, K. Hibbard, P. Högberg, S. Linder, F. T. Mackenzie, B. Moore III, T. Pedersen, Y. Rosenthal, S. Seitzinger, V. Smetacek, and W. Steffen. "The Global Carbon Cycle: A Test of Our Knowledge of Earth as a System." *Science* 290 (2000): 291–96.
Gonzalez, G., D. Brownlee, and P. D. Ward. "Refuges for Life in a Hostile Universe." *Scientific American*, October 2001, 60–67.
Kasting, J. F., and D. Catling. "Evolution of a Habitable Planet." *Annual Review of Astronomy and Astrophysics* 41 (2003): 429–63.

Ward, P. D., and D. Brownlee. *Rare Earth: Why Complex Life Is Uncommon in the Universe*. New York: Copernicus (Springer-Verlag), 2000.

专题阅读

Berner, Robert A. *The Phanerozoic Carbon Cycle*. Oxford: Oxford University Press, 2004.

Berner, R. A., A. C. Lasaga, and R. M. Garrels. "The Carbonate-Silicate Geochemical Cycle and Its Effect on Atmospheric Carbon Dioxide over the Past 100 Million Years." *American Journal of Science* 283, no. 7 (1983): 641–83.

Hoffman, Paul F., and Daniel P. Schrag. "Snowball Earth." *Scientific American*, January 2000, 68–75.

Huybers, P., and C. Langmuir. "Feedback Between Deglaciation, Volcanism, and Atmospheric CO_2." *Earth and Planetary Science Letters* 286, nos. 3–4 (2009): 479–91.

Raymo, M. E., and W. F. Ruddiman. "Tectonic Forcing of Late Cenozoic Climate." *Nature* 359, no. 6391 (1992): 117–22.

Walker, J., P. Hayes, and J. Kasting. "A Negative Feedback Mechanism for the Long-Term Stabilization of Earth's Surface Temperature." *Journal of Geophysical Research* 86 (1981): 9776–82.

第七章　生命

一般阅读

Clark, W. R. *Sex and the Origins of Death*. Oxford: Oxford University Press, 1996.

Hazen, R. M. *The Story of Earth*. New York: Viking, 2012.

Lane, N. *Life Ascending: The Ten Great Inventions of Evolution*. New York: Norton, 2009.

Orgel, L. "The Origin of Life on the Earth." *Scientific American*, October 1994, 76–83.

Ricardo, A., and J. W. Szostak. "Origin of Life on Earth." *Scientific American*, September 2009, 54–61.

Ward, P. D., and D. Brownlee. *Rare Earth: Why Complex Life Is Uncommon in the Universe*. New York: Copernicus (Springer-Verlag), 2000.

专题阅读

Corliss, J. B., J. Dymond, L. I. Gordon, J. M. Edmond, R. P. von Herzen, R. D. Ballard, K. Green, D. Williams, A. Bainbridge, K. Crane, and T. H. van An-del. "Submarine Thermal Springs on the Galápagos Rift." *Science* 203, no. 4385 (1979): 1073–83.

Doolittle, W. F. "Uprooting the Tree of Life." *Scientific American*, February 2000, 90–95.

Falkowski, P., R. J. Scholes, E. Boyle, J. Canadell, D. Canfield, J. Elser, N. Gruber, K. Hibbard, P. Högberg, S. Linder, F. T. Mackenzie, B. Moore III, T. Pedersen, Y. Rosenthal, S. Seitzinger, V. Smetacek, and W. Steffen. "The Global Carbon Cycle: A Test of Our Knowledge of Earth as a System." *Science* 290 (2000): 291–96.

Mansy, S. S., J. P. Schrum, M. Krishnamurthy, S. Tobe, D. A. Treco, and J. W. Szostak. "Template-Directed Synthesis of a Genetic Polymer in a Model Proto-cell." *Nature* 454, no. 7200 (2008): 122–25.

Patel, B. H., C. Percivalle, D. J. Ritson, C. D. Duffy, and J. D. Sutherland. "Common Origins of RNA, Protein and Lipid Precursors in a Cyanosulfidic Protometabolism." *Nature Chemistry* 7, no. 4 (2015): 301–7.

Powner, M. W., B. Gerland, and J. D. Sutherland. "Synthesis of Activated Pyrimidine Ribonucleotides in Prebiotically Plausible Conditions." *Nature* 459, no. 7244 (2009): 239–42.

第八章　人类与文明

一般阅读

Behrensmeyer, K. "The Geological Context of Human Evolution." *Annual Review of Earth and Planetary Sciences* 10 (1982): 39–60.

Jurmain, R., L. Kilgore, W. Trevathan, and R. L. Ciochon. *Introduction to Physical Anthropology*. 14th ed. Belmont, CA: Wadsworth, 2013.

Silcox, M. T. "Primate Origins and the Plesiadapiforms." *Nature Education Knowledge* 5, no. 3 (2014): 1–6.

Tatersall, I. "Once We Were Not Alone." *Scientific American*, January 2000, 56–62.

Wong, K. "An Ancestor to Call Our Own." In special issue on evolution, *Scientific American*, April 2006, 49–56.

专题阅读

Behrensmeyer, K. "Climate Change and Human Evolution." *Science* 311 (2006), 476.

deMenocal, P. B. "Climate Shocks." *Scientific American*, September 2014, 48–53.

Diamond, J. *Guns, Germs and Steel*. New York: Norton, 1999.

Fagan, B. *The Long Summer: How Climate Changed Civilization*. New York: Basic Books (Perseus), 2004.

Jablonski, Nina G. "The Naked Truth." *Scientific American*, February 2010, 42–49.

Ruddiman, W. F. "How Did Humans First Alter Global Climate?" *Scientific American*, March 2005, 46–53.

Ryan, W., and W. Pitman. *Noah's Flood: The New Scientific Discoveries about the Event That Changed History*. New York: Simon & Schuster, 2000.

Sherwood, S. C., and M. Huber. "An Adaptability Limit to Climate Change Due to Heat Stress." *Proceedings of the National Academy of Sciences* 107, no. 21 (2010): 9552–55.

Stedman, H. H., B. W. Kozyak, A. Nelson, D. M. Thesier, L. T. Su, D. W. Low, C. R. Bridges, J. B. Shrager, N. Minugh-Purvis, and M. A. Mitchel. "Myosin Gene Mutation Correlates with Anatomical Changes in the Human Lineage." *Nature* 428, no. 6981 (2004): 415–18.

Wood, B. "Welcome to the Family." *Scientific American*, September 2014, 43–47.

致谢

如果没有 2008 年劝服我讲授这门课的一群耶鲁大学学生，就不会有拙作的诞生。他们否定了我之前的最佳判断，说服我应该以关乎"万物"的小话题开班授课。从那时起有很多学生都在这门课中受苦受难，他们也同样是本书的有功之臣。我无法列出所有学生的名字，你知道自己是其中一员就好啦。讲真的，多谢多谢。这门课让我快乐，我也从中学到了很多（虽说你未必有收获）。

本书还得大大归功于我的许多朋友及合作者：多年来我们在科学上的探讨和论争，无疑有助于让我求知心切，对本书所覆盖的全部话题都始终充满好奇。但我仍需对我的很多同事满怀特别的感激之情，因为他们正式或非正式地审读了本书。彼得·德里斯科尔（Peter Driscoll）和考特尼·沃伦（Courtney Warren）慷慨地进行了全面审核，提出了很多意见，还在我自己的专业之外提供了另一些专业视角，囊括天文学、生物学乃至人类学。我的博士生导师杰里·舒伯特（Jerry Schubert），也是我的老朋友，耐心阅读了部分篇章，不但对我鼓励有加，而且提出了他特有的直率批评，让我有闪回博士生涯的错觉。一位匿名审稿人员提出的批评也很有帮助。还有一个需要特别感谢的人是诺姆·斯利普（Norm Sleep），他在成书的不同阶段两次通篇审读。非常高兴能有诺姆参与本书，因为他实际上就是个行走的书柜，而且是我所知道的最为聪慧、最有影响的思想家之一。

对我的编辑乔·卡拉米亚（Joe Calamia），我需要致以无尽的谢意（以及歉意，抱歉发过那么多次脾气）。乔在科学上的专业知识，他的热忱、耐心，以及永无休止的幽默感，带着我一起冲到终点。

我特别高兴能对女儿萨拉（Sarah）和汉娜（Hannah）表示感谢，不只是因为她们对本书的热爱，也因为她们的用心审读。她俩也都是科学家（对呀，就是这样子），我既从她们的专业知识中，也从她们的"复仇"中获益匪浅——多年来我对她们的学术论文无情批判、极力挖苦，她们也以批评本书作为复仇。没有什么比复仇更容易激起老实话的了，尤其是这老实话还能引起哄堂大笑的时候。

致谢

最后要致以谢意的是爱妻朱莉（Julie，她也是位科学家，有意思吧），为她多次阅读书稿，为她给我的鼓励，更重要的，为她无尽的耐心，这不仅仅是对本书而言。我还是要说，没有你，就没有我；没有你，就没有这本书。